eビジネス新書

No.413

週刊東洋経済

ゼネコン激動期

襲いかかる4つの脅威

週刊東洋経済 eビジネス新書 No.413

ゼネコン激動期

本書は、東洋経済新報社刊『週刊東洋経済』2022年2月12日号より抜粋、加筆修正のうえ制作しています。情報は底本編集当時のものです。（標準読了時間　90分）

ゼネコン激動期　目次

工事潤沢でも「豊作貧乏」のゼネコン

「仕事はあるのに、利益率がぐっと落ちてきている」。スーパーゼネコン・清水建設の井上和幸社長は、現在のゼネコンの豊作貧乏ぶりについてこう語る。

建設経済研究所によると、2022年度の建設投資見通しは前年度比0・3％増の62兆9900億円。過去20年間で最も多い。建築では再開発工事、土木では国土強靱化関連工事が底堅く推移する。

だが、「（請負額が）1000億円を超える工事が普通に出てくるようになった」と大成建設の相川善郎社長が語るように、工事は大型化の傾向にある。とくに首都圏の再開発工事が巨大化。手がける大手デベロッパーからの値下げ圧力で採算は厳しい。

「デベロッパーとの価格交渉がこれほど厳しくなるとは想像していなかった」。銀行からゼネコンに転籍した中堅ゼネコンのある社員は、こう吐露する。

ゼネコンとしても、受注できないと影響が大きいため、大型工事の獲得競争に躍起になる。結果、ダンピングが横行し、受注時の工事採算が大幅に低下している。「再開発案件は、ほとんど赤字なんだよね」。大手ゼネコンの役員たちは会合で顔をそろえると、こう嘆いているという。

「敵」と「お客」2つの顔

疲労困憊のゼネコンを尻目に快進撃を続けているのが、ハウスメーカー首位の大和ハウス工業だ。

大和ハウスは住宅だけでなく物流施設や商業施設などにも果敢に投資し、業容を急拡大。傘下にゼネコンのフジタを抱えている（2013年完全子会社化）。ホテルなどの工事では、受注の競争相手としてゼネコンの前に立ちはだかることもある。

その規模はゼネコンを凌駕する。スーパーゼネコン・大成建設の20年度売上高は

1兆4801億円、時価総額は8375億円（1月28日時点）。対して、大和ハウスは2020年度売上高が4兆1267億円、時価総額は2兆2112億円（同）。55年には「売上高10兆円」を目指すとぶち上げている。

大和ハウスは建設業の色を強めているが、土地を仕入れて建物を開発するデベロッパーの顔も持つ。つまりゼネコンからすると施主＝「お客さん」の側面も強い。

成長分野と位置づける物流施設の展開力はすさまじく、開発した全国の物流施設数は2021年9月末時点で312カ所（施工中を含む）と、業界トップ。デベロッパーとしての存在感が高まっている。「今や大和ハウスはデベロッパーの『価格リーダー』だ。情報をかなり集めたうえで価格を提示してくる」（別の中堅ゼネコン幹部）。

ゼネコンを取り巻く経営環境の厳しさは、次表の工事損失引当金が「増えた20社」「多い20社」ランキングからも見て取れる。工事損失引当金は将来発生する可能性のある工事損失に備え引き当てるもの。それが増えているということは、採算性を軽視した無理な受注が増えていることを意味する。

工事損失引当金が増えた20社（2021年9月末）

順位	証券コード	社名	工事損失引当金の21年3月末比増加額（億円）	工事損失引当金（億円）	対総資産比（%）
1	1821	三井住友建設	173.7	183.6	4.9
2	1802	大林組	97.5	233.0	1.0
3	1720	東急建設	62.2	80.3	3.8
4	1803	清水建設	17.3	161.7	0.9
5	1801	大成建設	16.0	37.1	0.2
6	1827	ナカノフドー建設	10.3	10.4	1.4
7	1734	北弘電社	9.3	14.6	18.1
8	1820	西松建設	5.1	20.0	0.4
9	1814	大末建設	4.1	5.3	1.2
10	1950	日本電設工業	2.9	10.5	0.5
11	1966	高田工業所	2.5	3.2	1.1
12	1770	藤田エンジニアリング	2.0	2.0	0.9
13	1885	東亜建設工業	1.6	18.7	0.9
〃	1942	関電工	1.6	57.0	1.3
15	1808	長谷工コーポレーション	0.9	2.4	0.0
〃	1777	川崎設備工業	0.9	1.2	0.7
17	1787	ナカボーテック	0.8	0.9	1.1
18	1881	NIPPO	0.6	2.3	0.0
19	1832	北海電気工事	0.4	0.6	0.2
20	1892	徳倉建設	0.3	0.8	0.2

工事損失引当金が多い20社（2021年9月末）

順位	証券コード	社名	工事損失引当金（億円）	21年3月末比増減額（億円）	対総資産比（%）
1	1802	大林組	233.0	97.5	1.0
2	1821	三井住友建設	183.6	173.7	4.9
3	1803	清水建設	161.7	17.3	0.9
4	1812	鹿島	136.8	▲3.9	0.9
5	1720	東急建設	80.3	62.2	3.8
6	1942	関電工	57.0	1.6	1.3
7	1801	大成建設	37.1	16.0	0.2
8	1811	銭高組	28.8	▲2.6	2.0
9	1860	戸田建設	26.7	▲0.8	0.4
10	1815	鉄建建設	26.0	▲4.6	1.5
11	1969	高砂熱学工業	23.6	▲3.3	0.9
12	1820	西松建設	20.0	5.1	0.4
13	1885	東亜建設工業	18.7	1.6	0.9
14	1944	きんでん	15.0	0.1	0.2
15	1734	北弘電社	14.6	9.3	18.1
16	1950	日本電設工業	10.5	2.9	0.5
17	1827	ナカノフドー建設	10.4	10.3	1.4
18	1417	ミライト・ホールディングス	10.1	▲2.8	0.3
19	1719	安藤ハザマ	7.7	▲4.7	0.2
20	1980	ダイダン	7.6	▲8.4	0.6

（注）決算書で「工事損失引当金」と記載されている額を連結決算優先で集計。対象は東証業種が「建設業」の上場企業。ただし、決算期が3月期以外の企業、過去10期の決算データがそろっていない企業、東洋経済業種分類が「エンジニアリング」の企業は除く。▲はマイナス

先のランキングでは、どちらも大林組、三井住友建設、清水建設の3社が上位。業界関係者の間で「麻布3兄弟」といわれている3社だ。大手デベロッパーの森ビルが手がける、東京・虎ノ門の大規模再開発「虎ノ門・麻布台プロジェクト」（23年3月竣工計画）の工事を請け負っている。

虎ノ門・麻布台プロジェクトは総事業費5800億円ともいわれる巨大開発で、受注競争は激しさを極めた。ある準大手ゼネコンのベテラン社員は、「『麻布3兄弟』はすごい安値で工事を受注した」と明かす。この準大手ゼネコンは「利益をほんのちょっと乗せた額で入札したが、3兄弟の入札価格はそれよりはるかに安かった。おそらく赤字だろう」（同社員）。

ゼネコンにはデベロッパーから別の力も働く。「住友不動産から都内マンションの建設工事を受注したところ、住友不動産の株式を買うように要請された」。中小ゼネコンの経営者はため息をつく。コーポレートガバナンス・コード（企業統治指針）が15年に導入されて以後、上場企業は政策保有株を減らしている。が、受注する力が弱いようなゼネコンは大手デベロッパーからの株買い増し要請を断れないこともある。

政策保有株を減らしたゼネコン20社

順位	証券コード	社名	保有銘柄数の10期前比増減	直近期の保有銘柄数	直近期の資産計上額（億円）	全株売却した主な銘柄	保有株数を増やした主な銘柄
1	1812	鹿島	▲110	320	2,665	トヨタ自動車、京成電鉄、第一三共など	住友不動産、京浜急行電鉄、凸版印刷など
2	1820	西松建設	▲100	103	384	松竹、東京建物、三井不動産など	帝国繊維など
3	1802	大林組	▲82	261	3,225	三井住友FG、高島屋、三井住友トラストHDなど	京成電鉄、京浜急行電鉄、京王電鉄など
4	1801	大成建設	▲75	295	3,027	よみうりランドなど	住友不動産、京浜急行電鉄、京王電鉄など
5	1803	清水建設	▲64	313	3,046	オリンパス、第一三共、味の素など	歌舞伎座、京王電鉄、京浜急行電鉄など
6	1860	戸田建設	▲63	160	1,728	大和ハウス、大日本印刷、キヤノンなど	ヤクルト本社、タクマ、前澤給装工業など
7	1811	錢高組	▲61	127	452	田淵電機、大京など	江崎グリコ、明治HD、京王電鉄など
8	1893	五洋建設	▲45	91	188	MS&AD、ブリヂストン、三越伊勢丹HDなど	福山通運、京浜急行電鉄、伊勢湾海運など
9	1833	奥村組	▲37	92	551	日本管財、住友商事など	丸全昭和運輸、京王電鉄、京成電鉄など
10	1899	福田組	▲31	86	25	ノジマ、ANA、じもとHDなど	共立メンテナンス、イオン、ブルボンなど
11	1852	浅沼組	▲29	44	63	近鉄グループ、南海電鉄、JR東日本など	イオン、京王電鉄など
12	1821	三井住友建設	▲19	112	186	UACJ（旧住友軽金属）、太平洋興発など	ヤマエ久野、JR九州など
13	1805	飛島建設	▲8	43	39	不明	東急など
〃	1827	ナカノフドー建設	▲8	46	21	不明	不明
15	1861	熊谷組	▲7	77	104	京王電鉄など	京浜急行電鉄など
16	1720	東急建設	▲3	56	179	北日本銀行など	京王電鉄、凸版印刷、オンワードHDなど
〃	1822	大豊建設	▲3	40	76	日立建機、住友大阪セメント、日本航空など	住友不動産、京浜急行電鉄、コムシスHDなど
〃	1879	新日本建設	▲3	11	6	青山財産ネットワークスなど	千葉銀行など
19	1871	ピーエス三菱	▲2	44	22	みずほFG、小田急電鉄など	不明
〃	1926	ライト工業	▲2	27	24	コンコルディアFG、日本航空、錢高組など	五洋建設、鉄建建設、飛島建設など

（注）対象は、東洋経済が独自に選んだ主要ゼネコン20社。有価証券報告書に純投資以外の目的で保有と記載されている銘柄の数と貸借対照表計上額。銘柄名は一部略称。1月5日時点。「全株売却した主な銘柄」「保有株数を増やした主な銘柄」は、過去の有報の記載に基づくもので、直近の状況と異なる場合もある。▲はマイナス

劇的な環境の変化は、業界内の「序列」も変えた。上場スーパーゼネコンの20年度営業利益は1位大成建設1305億円を筆頭に、2位鹿島、3位大林組、4位清水建設だった。それが21年度の営業利益見込みは1位が鹿島の1095億円で、2位大成建設、3位清水建設、4位大林組と変動する。大和ハウスはなんと、21年度営業利益見込み3200億円。スーパーゼネコン4社を足し合わせても3105億円にとどまり、大和ハウスに及ばない。

総合商社の伊藤忠商事が西松建設に出資するなど異業種参入も顕在化した。業界再編を含めた地殻変動が起きつつある。

（梅咲恵司）

物流施設、開発狂騒の裏

千葉県流山市の常磐自動車道・流山インターチェンジを下りると、千葉県道5号沿いに、物流施設群が次々現れる。

中でも目を引くのが、2021年11月に稼働した大和ハウス工業の巨大物流施設「DPL流山Ⅳ」だ。

延べ床面積は東京ドーム7個分の32万2299平方メートル。大和ハウスの「DPL流山プロジェクト」で稼働した3棟目の物件にして、東日本最大の物流施設となる。流山プロジェクト全体では延べ床面積は71万1266平方メートルに上り、国内最大級の開発規模になる。

大和ハウスが巨大プロジェクトを展開するこの一帯は、いわくつきの土地だった。

流山インターチェンジから2・7キロメートルの距離にあり、交通利便性が高い。しかし、「10ヘクタール以上の規模で良好な営農条件を備えている農地」とされる第1種農地のため、ほかの用途への転用は「原則不可」とされてきた。

「開発の認可が下りるかわからない難しい土地だったので、当社は手を引いた」と、大手デベロッパーの幹部は明かす。

他社が尻込みするこの活用困難地を手に入れた経緯をひもとくと、大和ハウスのデベロッパーとしての強みが浮かび上がってくる。

投資計画額を一気に倍増

大和ハウスは2020年6月に、当初3500億円としていた物流施設など事業施設への22年3月までの投資計画額を、3000億円上積みして、6500億円へ一気に引き上げた。

不動産サービス大手CBREの調査によれば、全国大型マルチテナント型（汎用型）

の物流施設において、大和ハウスの賃貸面積は2019年から21年にかけて増加率47％と他社を上回る伸びを見せている。大和ハウスの公表数値では、マルチ型とBTS型（オーダーメイド型）を合わせた全国の物流施設数は21年9月末時点で312カ所、総敷地面積は1098万平方メートル（施工中を含む）と、業界トップだという。

大和ハウスの投資額が突出
—主要4社の物流施設投資計画—

社名	期間	投資計画額
大和ハウス工業	2019～21年度	6500億円（工場など含む）
日本GLP	22年	2000億～3000億円
プロロジス	年間	500億～700億円
三井不動産	年間	500億～700億円（東洋経済推定）

（出所）決算資料、取材などを基に東洋経済作成

大和ハウスは急成長中
主要各社の物流施設賃貸面積の推移

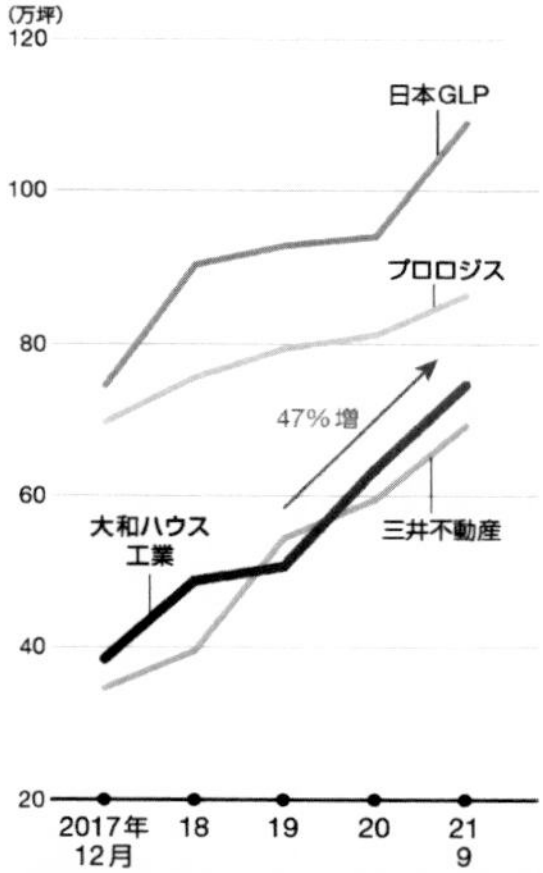

（注）対象は全国大型マルチテナント型物流施設（首都圏と近畿圏は延べ床面積1万坪以上、それ以外の都市圏は5000坪以上）。竣工ベース
（出所）CBREデータを基に東洋経済作成

怒濤の開発ラッシュの原動力は主に2つ。

まず、全国に張り巡らせた拠点網をテコとする「組織力」。もう1つは、傘下の中堅ゼネコン・フジタを含む建設業者としての顔と、不動産開発を行うデベロッパーとしての顔の両方を備える「コングロマリット経営」だ。

冒頭の流山プロジェクトのケースで具体的に見てみよう。

「長年お付き合いしている物流用ラックの製造会社の社長が、流山エリアの土地流通に詳しい名士を紹介してくれた。それがきっかけだった」

流山プロジェクトについて、立ち上げから関わった大和ハウス東京本店建築事業部の村上泰規・第二営業部長は振り返る。

話が持ち込まれたのは2009年ごろ。好立地で流山市の後押しもあったが、全国の市街化調整区域で第1種農地の転用は前例がなかった。そこで、村上部長らのチームは行政との折衝ノウハウが豊富な東急リバブルなどをパートナー企業として選んだ。流山市とタッグを組んで、実務を担当する農林水産省関東農政局と折衝を重ね、ついに権限を持つ千葉県から農地転用許可を得た。
「農政局は農地を守ることが使命と考えている組織のため、第1種農地を転用するという発想・経験がなかった。パートナー企業などと手探りでプランを練り、転用許可に向け筋道を立てて説明し、粘り強く交渉した」（村上部長）
結局、流山市で最初に手に入れた約18万2000平方メートルに及ぶ土地は入札にかけられることなく、大和ハウスが取得することになった（開発投資額は約800億円）。カギとなったのは、やはり前出の物流ラック製造会社社長からの情報提供だった。

企業ではなく人を追え

村上部長は日頃から部下に対して、「取引先の企業を追うのではなく人を追え」と説いているという。「損得勘定を抜きに、この人が好き、この人のためならやってやろうという人間関係を大事にしている」（村上部長）。

流山の情報をもたらした物流ラック製造会社社長に対し村上部長は、大和ハウスのあらゆるリソースを使って人間関係を築いてきた。事務所を改装するという話があればこまやかに対応し、社長の家族の自宅建築も請け負った。「できることは何でもやった」（村上部長）。

大和ハウスでは、こういったキーパーソンに食い込むノウハウを持つ営業員が全国に散らばっている。ハウスメーカーとして全国に71の事業所を持ち、そのうち35カ所に法人と取引する建築事業所・営業所を置く。ここで地域の要望、土地の情報を吸い上げ、物流施設の需要を掘り起こしている。

各拠点の体制として注目すべきは、大和ハウスが会社として建設業者とデベロッパーの両方の顔を持つだけでなく、営業員一人ひとりも建設業とデベロッパー業の2つの顔を持っていることだ。

大和ハウスの建築事業部は、不動産開発のデベロッパー事業と工事請負のゼネコン事業が一緒になっている。ベテランから若手まで、1人の営業員が顧客（企業）の要望にすべて対応する体制を取っている。

例えば、顧客から「物流施設にテナントとして入りたい」という要望があれば、デベロッパーとして自社物件を開発し、その顧客に賃貸する。「自前の工場を増設したい」との希望があれば、ゼネコンとして工場建物の設計・施工を請け負う。

このように土地の仕入れから開発、テナント誘致まで、1つのプロジェクトを1人の営業員がプロデューサーとして一貫して担当する。

中堅ゼネコンのある幹部は、大和ハウスの強みを次のように指摘する。「物流施設を建設する際、本体が手がけるのか、傘下のフジタに任せるのか、それとも取引先のゼネコンから合い見積もりを取っていちばん安いところに発注するのか、複数の選択肢から最も有利なものを選ぶことができる」。

さらに各営業員がデベロッパー担当者とゼネコン担当者の両方の顔を持ち、顧客の考え方や置かれている状況などに寄り添って考え、ニーズに対して柔軟かつこまやかに応えている。こうした組織ぐるみの対応力こそが圧倒的な力となっている。

大和ハウスは傘下のフジタを使って、ライバルのデベロッパーからも工事を受注している。

「落とせない案件だった。受注は頑張らせてもらった」。米物流施設大手・プロロジスの茨城県古河市の新物流施設を受注したフジタの三浦隆一・上席執行役員はそう話す。奥村洋治社長は「フジタがプロロジスの案件を請け負うのは29棟目になる。『フジタは物流施設に強い』というイメージがあるのは、プロロジスのおかげ」と破顔一笑する。

トンビのように案件奪う

大和ハウスのみならず、多くのデベロッパーが物流施設の開発を積極化している。

2000年から日本で初めて大型賃貸物流施設を展開してきたプロロジスは、「景気の良しあしとは関係なく、当面500億〜700億円の年間投資を継続する」（プロロジス日本法人の山田御酒社長）としている。

茨城県古河市では、日立グループなどのBTS型の物流施設を展開。さらにこの近隣に延べ床面積約12万平方メートルの汎用型物流施設を建設する。23年3月の竣工に向け、すでに着工している。

21年12月に行われた起工式で、プロロジス日本法人の山田社長は、式に参列した工事を請け負うフジタの役員らを前に、「資材高や人手不足がいわれていますが、工期は厳守でお願いします」と述べた。
この大型施設は、2~3階は天井高を最大8・6メートル（通常5・5メートル）確保でき、大規模なマテハン（搬送装置）の導入が可能になる。これが完成すると、プロロジス日本法人は全国108棟、延べ床面積760万平方メートルの物流施設を保有することになる。

12年に賃貸物流施設事業に参入したのは三井不動産。同社の物流施設開発事業を率いる三木孝行・専務執行役員ロジスティクス本部長は、「最低でも年間平均5件の開発ペースは維持する」と強調する。

三井不動産は21年6月に千葉県船橋市で大型物流施設を竣工。周辺ですでに稼働している2棟と合わせ、延べ床面積約70万平方メートルの巨大物流拠点となった。22年9月には、神奈川県海老名市に、CO_2（二酸化炭素）排出量を実質的にゼロにする「グリーンエネルギー倉庫」を建設する。

開発ラッシュを受け、ゼネコン各社は物流施設の受注強化に乗り出している。三井不動産の三木専務は「ゼネコンは物流施設を積極的に受注するようになった。伸びる分野であることに気がついたのだろう。熱を感じる」と語る。

スーパーゼネコンの鹿島は物流施設を成長領域の1つと位置づけ、受注を積極化。21年4～9月の倉庫・物流施設の受注高（単体）は565億円と、前年同期比2倍以上に増えた。大手ゼネコンの西松建設も24年3月期までの中期経営計画で、物流施設の受注高を年間750億円に引き上げる算段だ（これまでの3年は年平均669億円だった）。

とはいえ受注熱が高まると、熾烈な競争が起きるのはどの領域でも同じだ。ましてや物流施設は「基本的には躯体工事（壁面など建物の基礎工事）だけなので、差別化しにくい。どのゼネコンも手がけることができる」（準大手ゼネコンの経営者）といわれているため、値引き勝負になりがちだ。

別の中堅ゼネコン幹部は、「物流施設の利益率はマンション工事と比べ3～4％低い」と明かす。もう1人の中堅ゼネコン幹部は「小型の物流施設を大手が積極的に取りに来ている。当社が狙っていた工事高30億円ぐらいの物流施設も、大成建設がトンビのようにかっさらっていった」と嘆く。

物流施設の需給バランスは、今後緩やかに崩れていく懸念もある。波乱含みだ。

（森　創一郎、梅咲恵司）

「物流施設需要のピークは近い」

プロロジス　日本法人社長・山田御酒

ゼネコンによる激しい受注合戦が繰り広げられている物流施設。開発ラッシュは今後も続くのか。米物流施設大手・プロロジス日本法人の山田御酒社長に聞いた。

――物流施設の大量供給は今後も続くのでしょうか。

2022年は関東圏だけで400万平方メートルもの新規供給が計画されている。これは過去最大だ。関西圏でも22年に140万〜150万平方メートルが供給される見込みで、23年は全国的に供給量がさらに増えそうだ。

――ＥＣ（ネット通販）が伸びているからですか。

そうだ。Ｅコマースはスピードが命なので、物流施設利用者の多くはピッキングや包装といった庫内の作業を効率化したいと考えている。物流倉庫を大型化して、効率よく運用するニーズが強い。

――いずれ需給バランスが崩れるのでは？

「そろそろピークアウトでは」という印象を持っている。今の供給水準は過剰感がある。大規模物流施設に参入する会社が増え、今では７０～８０社が物流施設市場にひしめき合っている。

一方、日本の物流量自体は減っている。今後も少子高齢化で、物流量が増えることはありえない。新しく供給される倉庫のすべてに需要がついていくかというと、疑問だ。足元では東京（関東圏）の大型物流倉庫の空室率は2％台、関西では１％台。東京（関東圏）の空室率は２２年に3～４％台になるかもしれない。

――最近は資材高が進んでいます。ゼネコンから建設コストの上昇分を建設価格に織り込んでほしいという要望が出ていませんか？

ゼネコンとは「ウィンウィンの関係」でありたいと思っている。足元の資材費上昇分については協議している。ただ、すべてを価格に乗せることはできないので、工法を変えるなどお互いに知恵を出し合って乗り切りたい。

運送の24年問題が焦点

――今後の投資方針は？

2022年は岩手県盛岡市でマルチ型（汎用型）の大型物流施設を着工する。当社はこれまで仙台から北に進出したことがなかった。だが、24年4月からトラック運転手の時間外労働時間の上限規制（年960時間）が適用され、長距離で荷物を運ぶことが難しくなる。東北でいうと、仙台を出発して青森まで荷物を運んで帰ってくるという動きが困難になる。そのため、岩手県の盛岡辺りに物流施設が必要になる。

運送業界の2024年問題は、全国的に物流施設のあり方を変えると思う。

（聞き手・梅咲恵司）

山田御酒（やまだ・みき）
1953年生まれ。76年フジタ入社。2002年プロロジスに入社。シニアバイスプレジデント兼日本共同代表などを経て、11年から現職。

大和ハウス　逆算営業で挑む年商10兆円

「もはや大和ハウスはハウスメーカーではない」

大成建設の元社長でありながら、大和ハウス工業の副社長へ2021年6月に電撃移籍した村田誉之氏はこのように語る。

樋口武男・現最高顧問が大和ハウスの社長に就任した翌年の2002年2月、支店長会議で「アスフカケツ」という新事業創出のスローガンを掲げた。「安全・安心、スピード・ストック、福祉、環境、健康、通信」という注力する6分野の頭文字を並べたもので、漢字で書くと「明日不可欠」となる。後に農業が加わり、今では「アスフカケツノ」となっている。これらで新事業を創出し、創業100周年となる55年に売上高10兆円を目指す（21年3月期4・1兆円）。

大和ハウスの初期の成長を支えたのはプレハブ住宅だった。が、人口減少による新築住宅の縮小を見越して法人向け施設の開発を積極化。その結果、商業施設と物流施設をメインとする法人向け施設部門の2セグメントの合計は、全社売上高の44%、全社営業利益の64%を占めるほどになった。

物流施設と商業施設が収益の柱
—事業セグメント別構成比—

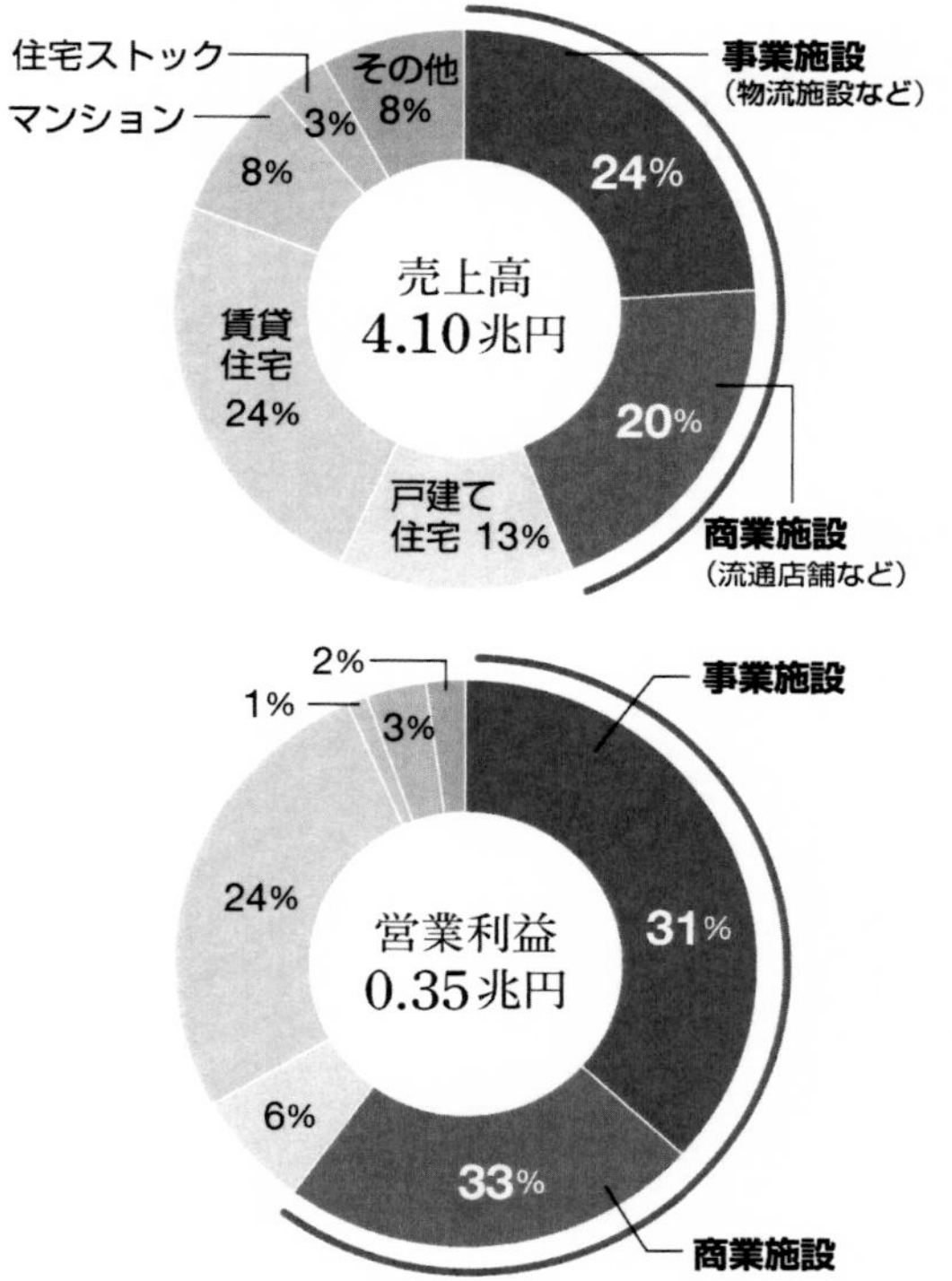

（出所）大和ハウス工業2021年3月期決算資料

アプローチが通常とは逆

商業施設の建設を担う流通店舗事業部は、スーパーからドラッグストア、介護施設、公衆トイレまで、多種多彩な施設を建ててきた。その数は全国4万3000以上だ。

一般的に商業施設開発は、まず地主から土地を取得し、開発用途を検討しながら建物を完成させ、そこに出店するテナントを誘致する、という流れが常道だ。だが、大和ハウスのアプローチはまったく逆。「まず、出店のニーズをつかむ。店舗営業に適した場所のイメージを先につくり、そこから土地の仕入れに挑む」と、大和ハウスの東京本店流通店舗事業部・安重祐介上席主任は話す。

例えば、テナントとして入居する商業施設を探している顧客から、「○○駅周辺の半径300メートル以内に2店舗出店したい」との要望があるとする。営業担当者は顧客が分析した立地の情報に、自ら足で稼いだ現地情報を重ね、土地に目星をつける。そして、土地オーナーに談判する。

顧客の出店ニーズが前提にあるため、営業担当者は土地オーナーに賃貸条件（買い取る場合は買取額)、出店テナント名まで書いた土地活用提案書を提示することができる。土地オーナーは、具体的なテナント名や利回りまで練られた提案が示されるため、条件さえ合えば安心して契約できる。

大和ハウスの流通店舗事業では、約800人の営業部隊が4300以上のテナント顧客のニーズをくみ取っている。これが開発の起点だ。全契約のおよそ半分が、営業担当者による飛び込み営業で仕入れた土地だが、具体的な提案書という「武器」があるため飛び込みでも契約率が高くなる。

出店ニーズ把握から用地仕入れ、開発までを進める「逆算営業」は、開発規模が100億円単位になる物流施設でも同じだ。

「業種や業態によって、冷凍・冷蔵機能やDX(デジタルトランスフォーメーション)が求められたりする。各企業のニーズを反映させた倉庫のニーズはまだ大きい」と、大和ハウスで物流施設事業を統括する浦川竜哉常務は言う。

大和ハウスは岩手県や福島県といった地方でも、マルチ型(汎用型)の物流施設を手がけている。

「顧客からは『地方にはこれまで、物流センターになる倉庫がなかった』との声が強い」と浦川常務。全国71事業所のうち35カ所に建築営業所などを置き、地域の要望、物流施設の需要をつかむ。

大きな需要が見込めない地方でも、工業団地を開発し、県内外から工場などを誘致して、物流需要をつくり出すこともある。

こうして怒濤の勢いで物流施設を建ててきた大和ハウス。一方で、「最近は建てれば埋まる感じではなくなっている」と、浦川常務は漏らす。物流施設の供給に過剰感があり、満床になるまでの時間が長くなっているのだ。

今後、緩やかに物流需要が減っていくことも予想される中、同社はすでに次の手を繰り出している。データセンターの建設だ。

問われる攻守のバランス

「データセンターにすると完全に決めて土地を取得したわけではない。が、顧客の通信事業者からデータセンターを集約したいというニーズを聞いていた」

大和ハウスの東京本店建築事業部・石原聡次長は、千葉県印西市で大規模なデータセンター用地を取得した経緯をこう振り返る。

千葉ニュータウンが広がるこの場所で、総敷地面積27万平方メートル、延べ床面積33万平方メートルに及ぶ14棟のデータセンター群の建設が進む。全棟竣工は30年の予定だ。

周辺にはデータセンターに電力を供給するための変電所がなかったが、「ないのならば、造ればいい」（石原次長）ということで、東京電力パワーグリッドの高圧変電所を誘致し、最大1000メガワットの電力容量を確保した。

物流施設など事業施設への投資は、22年5月に発表される第7次中期経営計画でも拡大路線が示される見通し。その中でもデータセンターは大きな柱になる。

「独り勝ち状態」を謳歌する大和ハウスだが、今後の課題は「攻め」と「守り」のバランスをどう保つかだ。

大和ハウスは22年3月までにD／Eレシオ（有利子負債が自己資本の何倍かを示

す指標）を「0・5倍程度」に抑え（21年3月期は0・69倍）、ROE（自己資本利益率）を「13％以上」へ引き上げる（同11％）目標を掲げる。

「事業拡大と財務の健全性は両立させなければならない」と浦川常務は話す。ゼネコンへ発注するか、自社で施工するかをコントロールしながら収益を確保。さらに海外で上場するREIT（不動産投資信託）も活用し、国内外で積極的に法人向け施設の開発を続けていく方針だ。

財務体質を改善しつつ、さらなる成長を遂げられるか。その舵取りは容易ではない。

（森　創一郎）

大成建設の元社長が大和ハウスへ

大和ハウス工業は、人事面でもゼネコン業界へ攻め込んでいる。2021年6月29日、大和ハウスは新たな副社長を誕生させた。スーパーゼネコンの一角、大成建設で社長を務め同25日まで代表取締役副会長だった村田誉之氏だ。

電撃移籍の理由について村田氏は次のように語る。「大和ハウスの芳井敬一社長が、会社のことを熱く語られた。『今の若い社員が創業100周年を迎えるとき（55年）のために、今から組織づくりに取り組みたい』と言われた」。

村田氏は大成建設で副会長や社長を務めた「大物」。温厚な人物として知られ、若手社員からの人望も厚い。1977年に東京大学工学部建築学科を卒業し、大成建設に入社。主に建築畑を歩み、住宅事業を手がける子会社・大成建設ハウジングの社長に

09年就任。15年から20年までは大成建設の社長を務めた。こうしたゼネコンの大幹部がハウスメーカーに移籍するのは、極めて異例だ。

大手ゼネコンは江戸時代や明治時代に創業した老舗が多く、道路や橋梁、大型ビルなどで多くの建築実績や高い技術力を持つ。大成建設も明治6（1873）年の創業だ。

大和ハウスはそれから約80年後の1955年創業。同じ建築業だが、扱う物件はビルより小さい住宅が中心だ。こうした背景から、ゼネコン関係者はハウスメーカーを格下にみる傾向がある。

「建築系の学生はかつて、ハウスメーカーに就職するのは成績の悪い人、とみていた。事実、ゼネコンや建築事務所の入社試験に落ちた学生がハウスメーカーに流れていた。今はハウスメーカーにも優秀な学生が数多く入っているが、昔の名残で格下とみるゼネコン関係者は多い」（大手ゼネコンのベテラン社員）

大成建設にとって大和ハウスはオフィスビル建設などを発注してくれる得意先の1つだが、資本や業務の面で両社の間に特別なつながりがあるわけではない。大和ハウスの芳井社長による「一本釣り」で、村田氏の移籍は実現した。

「それはもったいない」

21年4月20日、大和ハウスの芳井社長は、個人的に親交のあった村田氏を食事に誘った。食事中に、大成建設の副会長を退任する予定であることを知らされた芳井社長は、「それはもったいない」とつぶやいた。そして、言葉に力を込めて村田氏に語りかけた。

「ゼネコンの社長とハウスメーカー（大成建設ハウジング）の社長を両方経験しているのは貴重だ。大和ハウスは55年に売上高10兆円を目指しており、それを成し遂げるには人材が足りない。これまでの経験を生かしてほしい。大和ハウスの技術を見てもらいたい」

この熱弁に心を動かされた村田氏は芳井社長の要望を快諾。3週間後の5月14日、村田氏の副会長退任および大和ハウスへの移籍が発表された。

大和ハウスの戦略上、村田氏を迎え入れる意味は大きい。経験豊富な幹部の拡充が課題だったからだ。「最近は優秀な学生が入社しているので将来の人材には困らない。が、過去には就職先として人気がなかったため、今の幹部クラスの人材が手薄になっている」(大和ハウス関係者)。

大和ハウスは小田急電鉄傘下だった小田急建設に2008年に資本参加、13年には中堅ゼネコンのフジタを完全子会社化した。現在はグループで物流センターやデータセンターなどの建設受注を強化しており、村田氏を建設技術の統括に据えて、成長分野の展開にアクセルを踏み込む算段だ。

「ゼネコンは不採算の工事を請け負うリスクがある。だが、大和ハウスはデベロッパーとして事業をつくる立場なので、工事価格をたたき合って請け負う必要がない。成長ありきが社員のDNAになっている。その感覚はゼネコンと違う」と、村田氏は話す。

大和ハウスは村田氏の知見により成長を加速できるか。業界全体が注目している。

(森　創一郎、梅咲恵司)

INTERVIEW

「熱い思いに心を打たれた」

大和ハウス工業　副社長・村田誉之

大成建設の社長や副会長を務めた「大物」、村田誉之氏はなぜ、大和ハウス工業へ移籍したのか。移籍後、メディアに初めて登場した村田氏に聞いた。

――移籍の経緯は。

2021年4月20日、大和ハウスの芳井敬一社長と1対1で話したときに、「副社長として招聘したい」という話があった。ちょうどその時期は（大成建設の）次の人事が決まる頃で、自分の人事の内示も（4月20日の）10日ぐらい前に聞こえてきた。

そうした頃に「実は（大成建設の副会長を）退任する予定だ」と話したところ、芳井社長から「それはもったいない」という話をいただいた。

大和ハウスは55年に売上高10兆円を目指しており、「それを成し遂げるには人材が足りない。これまでの経験を生かしてほしい。大和ハウスの技術を見てもらいたい」という話だった。

自分をそこまで評価してくださっていることをたいへんありがたく思ったのと同時に、いちばん胸を打たれたのは、芳井社長が大和ハウスについて熱く語ったことだ。「今の若い社員が創業100周年を迎えるとき（55年）のために、今から組織づくりに取り組みたい」と言われた。その熱い思いに、私はすごく打たれた。

社員の目が輝いている

――大和ハウスは「ゼネコン化」しているといわれます。

大和ハウスは今やハウスメーカーではない。ゼネコンでもあり、デベロッパーでもあり、エネルギー事業もやっている。私が大成建設にいたときは、大和ハウスはあくまでも発注者であるお客さんだった。大成建設は物流施設の開発やマンションの建設を大和ハウスから受注していた。そういう意味で同業者というイメージはまったくなかった。

――実際に移籍してみて、大和ハウスの印象は?

何より会社が成長している。採用を増やし、雇用を生んでいるのはすばらしいことだ。それに会社の改善すべき点を皆がわかっていて、共通認識がある。現場に行ってびっくりするのは、社員が若いことだ。現場の責任者が30代後半ぐらい。彼らの目はキラキラしている。

(請負ではなくデベロッパーとして)事業を自らつくり出し、発注者側の立場で仕事をしていることが大きい。投資もするし、お金がダイナミックに動いている。

土地の情報を持っていて、モノを建てたい人と、テナントとして入りたい人をマッチングさせるシステムもある。そうした仕組みを使いながら、大胆に投資をしている。

（聞き手・森　創一郎）

村田誉之（むらた・よしゆき）

1954年生まれ。77年東京大学工学部建築学科卒業、大成建設入社。2015年に社長、20年6月に代表取締役副会長。21年6月から現職。

拡大路線に走らない

積水ハウス　厳選・集中開発で勝負

ハウスメーカー首位の大和ハウス工業が物流施設など成長領域へ果敢に投資し、拡大路線を突き進むのに対し、同2位の積水ハウスは物流施設を手がけず、リソースを一定の領域に集中する。

「顧客に満足してもらうため、拡大路線には走らない」。積水ハウスの柳武久執行役員はそう強調する。

大和ハウスは全社営業利益の64％（2021年3月期）を物流施設や商業施設の開発が占める。一方、積水ハウスの都市再開発事業（オフィスビルやホテルの開発）のセグメント営業利益は、21年1月期に165億円だった。これは全社営業利益の約9％を占めるにすぎない。

積水ハウスはこの都市再開発事業に、戸建てで培ったノウハウを注ぎ込む。「オフィスもホテルも『住』の空間。人の幸せ、健康、つながりをどうするか考える」と柳執行役員は語る。

積水ハウスは、販売した戸建て住宅の庭に、鳥やチョウを呼び寄せられる木を植えることを顧客に提案する、「5本の樹（き）」計画を進めている。これを都市再開発事業で手がけるオフィスビルにも応用し、屋上庭園の植栽に生かす。また階段に広い踊り場をつくってコミュニケーションスペースにするなど、オフィスを「第2の住まい」と捉えたつくり込みをしている。

ホテルにも『住』の空間

都市再開発事業を担うのは、少数精鋭の約70人。プロジェクトを厳選し、要員を集中的に投入して開発を進める。そのためプロジェクトは大規模になる傾向があり、建物はその土地のランドマークになることが多い。

厳選開発で、ランドマークになる物件が多い
—積水ハウスの主要開発案件—

竣工年	場所	プロジェクト
2006	東京・港区	赤坂ガーデンシティ(オフィス)
10	大阪市中央区	本町ガーデンシティ(オフィス・ホテル)
11	東京・品川区	ガーデンシティ品川御殿山(オフィス)
13	大阪市北区	グランフロント大阪(共同開発)
14	京都市中京区	ザ・リッツ・カールトン京都(ホテル)
16	東京・品川区	プライムメゾン白金台タワー(賃貸マンション)
18	東京・中野区	プライムメゾン江古田の杜(賃貸マンション)
21	大阪市中央区	W大阪(ホテル)
23	福岡市中央区	仮称・旧大名小学校跡地開発(共同開発)
24	東京・港区	仮称・赤坂二丁目計画(共同開発)

(出所)会社公表資料などを基に東洋経済作成

例えば2021年に竣工した、大阪市中央区の御堂筋沿いにそびえる黒々とした27階の建物。積水ハウスが開発し、米マリオット・インターナショナルが運営する高級ホテル「W大阪」だ。

「大人の遊び場」をうたうこのホテルは、シンプルな外観とは対照的に、内装は豪華だ。3階にあるラウンジは「リビングルーム」と名付けられ、背の低いソファやダイニングテーブルが並び、優雅な家の居間のようになっている。

厳選開発のカギとなるのは、高い収益性を見込める土地の情報だ。W大阪は雑居ビルの跡地に立つ。この土地を子会社の積水ハウス不動産が10年に取得し、コインパーキングにしていた。

「Wブランドを展開する適地を探す中で、このコインパーキングをどう開発するか、グループとして検討することになった」と、プロジェクトを担当した栗崎修一秘書部長は振り返る。

生き馬の目を抜く開発用地の情報戦。子会社の積水ハウス不動産各社（東北、九州など6社）や、同じく子会社のゼネコン・鴻池組など、全国に張り巡らせた積水ハウスのグループ会社のネットワークが大きな武器になっている。もちろん、金融機関や税理士事務所、設計事務所といった社外の要所にもアンテナを張り、用地の情報を仕入れてくる。

「待っていても取れる情報の鮮度は低い。足を使って取った情報は鮮度が高く、土地のオーナーらと、プロジェクトの深掘りができる。ここぞという案件では思い切って資金を投入し（開発用地を）取りに行く」と柳氏。

積水ハウスは「家」へのこだわりとグループ力で、厳選・集中開発を進める。

（森　創一郎）

「長谷工1強」の実像

分譲マンションの建築で圧倒的な地位を築いているのが、長谷工コーポレーションだ。

特筆すべきは「マンション一筋」の姿勢。2021年3月期の建設事業受注高4179億円のうち8割以上を民間分譲マンションが占める。しかも大規模物件に限ってみると、市場で供給される新築物件の約半分を長谷工が手がけている。

大規模マンションは長谷工の独壇場
—分譲マンションの物件規模別の施工シェア—

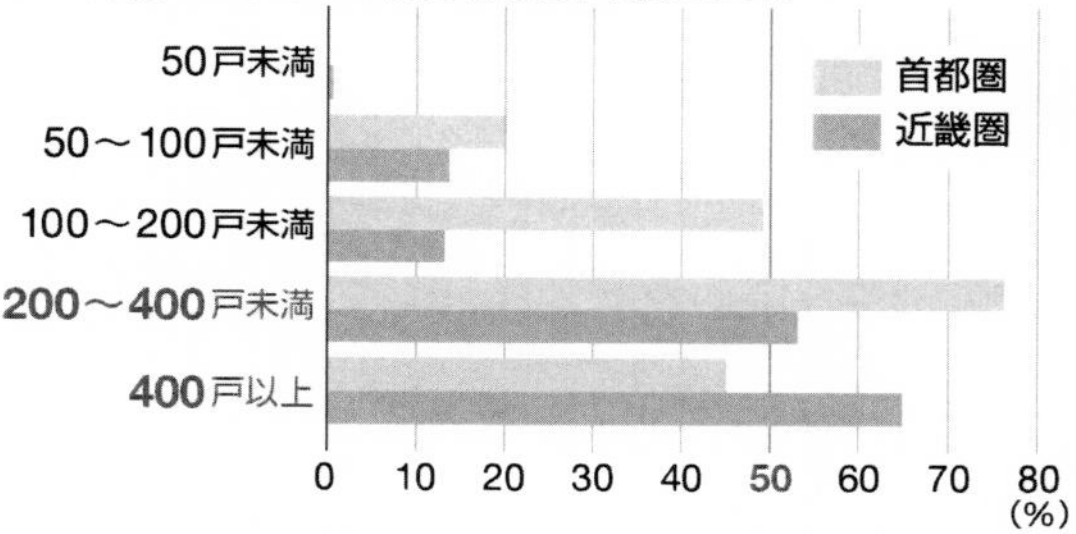

(注)2021年4～9月に供給された分譲マンションのうち、長谷工コーポレーションが施工を請け負った割合　(出所)会社公表資料

独自の「土地持ち込み」

長谷工は「土地持ち込み」という独特のビジネスモデルで成長してきた。自ら用地を取得し、設計や事業収支、開発スケジュールを組み立ててデベロッパーに提案。競争入札を回避できるうえ、設計と施工の両方を受注できるため利益率が高い。建築工事の粗利率は17％（21年3月期）に達し、大半の同業者が10％にも満たない中、圧倒的な存在感を示す。最近は用地取得が難航するデベロッパーから、持ち込みを依頼されることもある。

マンションは本来一点モノだが、長谷工は構造や工法を標準化している。長谷工が建てるマンションはどれも「長谷工仕様」が基本だ。デベロッパーのブランド力や商品性を加味して、建物や設備に調整が加わるが、基本仕様は共通している。そのため熟練度向上による工期短縮や品質確保、部材の大量発注によるコスト削減が図れる。

そんな長谷工仕様を生み出しているのは、東京都江東区のビルの一室にある「ＬＩＰＳ」という施設だ。住戸を模したモデルルームや設備の膨大なサンプルをそろえ、デベロッパーの担当者と企画を詰めていく。

近年は大手デベロッパーもＬＩＰＳへ頻繁に訪れる。従来はデベロッパー独自の仕様を優先し、長谷工仕様をそのまま採用することは少なかった。だが、長谷工への発注が増えたことから、財閥系デベロッパーであっても長谷工仕様を採用したり、長谷工と新たな仕様を開発したりしている。野村不動産が11年から供給する郊外マンションブランド「オハナ」はその一例だ。

長谷工の影響力はデベロッパーだけでなく、設備メーカーにも及ぶ。「マンションに導入する設備の大部分は、ＬＩＰＳに展示されているものから選ばれる」（長谷工の倉持美香エンジニアリング事業部デザイン室長）からだ。

長谷工が請け負うマンションは数百戸規模が多い。戸数の分だけ設備も必要なため、メーカーにとってはまたとない受注機会となる。ＬＩＰＳ内の展示スペースは限られ、長谷工は需要動向をにらみながら展示する設備を定期的に入れ替えるため、メーカーは選ばれる商品の開発に余念がない。

これまで長谷工は「板状」と呼ばれる、長方形で住戸が一面に広がる中低層マンションの施工が中心だった。今後は「板状で培ったノウハウをタワーマンションにも生かしたい」（長谷工の池上一夫社長）と、大手・準大手ゼネコンがひしめくタワーに斬り込む構えを見せる。タワーは板状と比べ工事費見積もりのブレが課題だったが、徐々に克服。30階程度の物件なら施工実績も増えてきた。マンション建設における「長谷工1強」時代が近づく。

（一井　純）

オープンハウスの勢い加速

「行こうぜ1兆！」。勢いのあるスローガンを掲げ、2023年9月期の売上高1兆0500億円を目指しているのがオープンハウスグループだ。都心部を中心に狭小戸建て住宅を販売し、急成長している。

21年9月期の売上高は、前期比4割増の8105億円。「1兆円超え」を視野に入れる。21年1月に、創業者をめぐる横領事件（無罪判決が確定）で信用補完が必要だった持ち分法適用会社のプレサンスコーポレーションを連結子会社化していることも売り上げ拡大の一因だ。

創業は1997年。不動産仲介業としてスタートした。最近は分譲マンションの新築・販売、賃貸マンション・賃貸ビルのリノベーションも進める。だが、今も狭小戸建てが成長のエンジンであることに変わりはない。

1兆円超えを狙う

オープンハウスグループの売り上げの推移

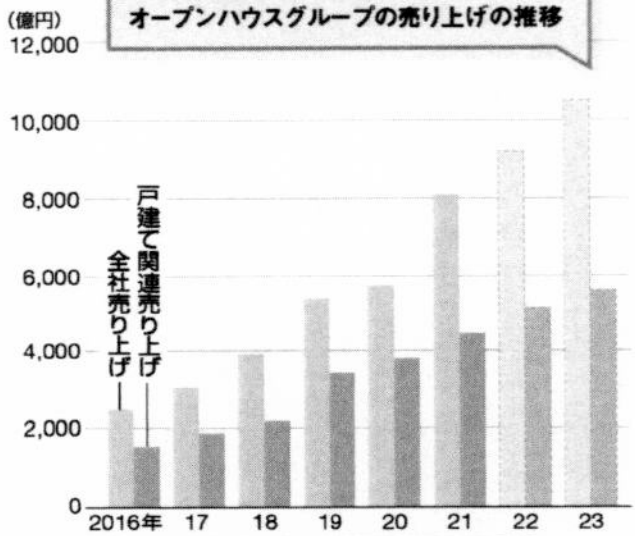

(注)各9月期。2022年、23年は会社中期経営計画などの予想
(出所)オープンハウスグループの決算資料を基に東洋経済作成

オープンハウスの主な出来事

- **1997年9月** 荒井正昭氏が、不動産仲介業のオープンハウスを創業
- **〃 10月** センチュリー21・ジャパンとフランチャイズ契約
- **2001年2月** 子会社の創建ビルド(現・オープンハウス・ディベロップメント)が自社新築一戸建て販売を開始
- **12年9月** センチュリー21・ジャパンとのフランチャイズ契約を解消。オープンハウスブランドで営業開始
- **13年9月** 東証1部に上場
- **20年5月** プレサンスコーポレーションを持ち分法適用関連会社に
- **21年1月** 同社を連結子会社化
- **22年1月** オープンハウスは純粋持ち株会社に移行し、社名をオープンハウスグループに変更

(出所)会社資料を基に東洋経済作成

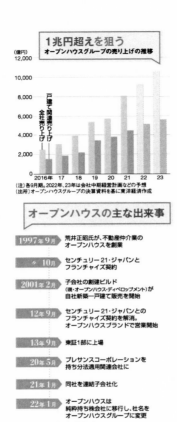

30代で年収1000万円

土地を仕入れ、家を造る建築部門を担うのは、子会社のオープンハウス・ディベロップメントだ。大手デベロッパーが手を出さないような、1〜2棟分の変形地や偏狭地でも、仕入れ部隊が次々に買い取っていく。その数は首都圏だけでも年間2300区画に上る。そこに3階建ての家を建て、階段に踊り場を設けない、階段下にトイレを配置する、などにより、狭い土地でも広い住空間をひねり出す。

住宅の販売を担うのはグループの中核企業であるオープンハウスだ。徹底的に顧客と向き合い、建築部門へ顧客ニーズを伝える。土地の取得から販売までグループ内で完結しているので、コストも抑制できる。

こうして、都内の戸建てなのに4000万〜5000万円程度（土地を含む）という、割安感のある販売価格を実現し、「狭い賃貸マンションから戸建てに移りたい」という若い1次取得層の需要に応えている。

だが、急成長の原動力は割安感のある住宅だけではない。最大の強みはその営業力にある。

「（総合不動産で）日本一の会社を目指すというから入社した。成長していることが何よりの魅力だった」

そう話すのは、首都圏の営業を統括する営業本部の石井彰太郎副本部長（33）。石井氏は2013年に25歳でゴルフ場運営会社から中途採用で入社。開設間もない笹塚営業所（東京・渋谷）へ配属された。

石井氏が入社直後に体験した住宅販売の現場は苛烈だった。まず命じられたのが「源泉営業」。地域をくまなく回り、オープンハウスとまだ接点を持っていない潜在顧客を掘り起こす、路上でのキャッチセールスだ。

「何時間やってもチラシ1枚持っていってもらえず、心が折れる日々だった」と石井氏。ところが毎日200～300人に声をかけ続けていると、そのうちに1人、2人と立ち止まって話を聞いてくれるようになった。そうした人と連絡先を交換し、電話でアポイントが取れれば、10人に1人は契約に結び付くことがわかった。

「住宅を買う人は、今住んでいる場所の近くで物件を探しているケースが多い。声をかけて立ち止まってくれる人はもともと家に関心が高い人だ。源泉営業は理にかなっていると、すぐに気がついた」（石井氏）。実際、源泉営業による契約は、全契約件数の3割に上るという。

一方、全契約件数の6割を占める主力の営業手法は電話営業だ。ポータルサイトや自社ホームページで、資料請求などのために連絡先を登録した人に、ひたすら電話をかけ続ける。

電話営業で契約を取るコツは、「スキルではない。電話をかける量だ」と石井氏は言い切る。1人の営業員が1日3〜4時間、100〜150本の電話をかける。500本につき1件はアポイントを取ることができる。20件のアポイントが取れれば、1件は契約に結び付く。つまり1000本電話をかければ、1件の契約が取れる計算だ。

こうした源泉営業や電話営業で契約が取れた社員は、売り上げに応じてボーナスが増える。営業職2年目の最高年収は1050万円、5年目は同2000万円と、自社のホームページで開示している。

有価証券報告書によれば、社員の平均年間給与は644万円で、平均勤続年数は3・

2年（21年9月期）。住宅最大手の大和ハウス工業はそれぞれ867万円、14・4年（21年3月期）、同じ新興勢力のケイアイスター不動産は510万円、4・7年（同）。オープンハウスは徹底した実力主義で高収入を得るチャンスがある一方、社歴の浅い人材の多いことも浮かび上がる。

社員は電話や路上での営業、顧客への訪問を終えると、事業所でチラシ作りや顧客への提案書作成に取りかかる。仕事は積み重なり、かつては帰宅が夜更けになることもあった。しかし、19年から業務のデジタル化を本格的に進めたことで社員の働き方は変わってきた。

2020年7月に導入したAI（人工知能）によるチラシ自動作成システムでは、各物件の強調すべきポイントを、立地や価格から自動的に判断。最適な写真の大きさやレイアウトができ上がる。

また、同年12月に導入したシステムにより、自治体がハザードマップ（災害時の危険地域情報などを掲載した地図）を更新するたびに、社内の資料も自動的に更新されるようになった。

オープンハウスグループの情報システム部・山野高将部長は、「ＡＩなどの本格導入によって、２１年１２月における社員トータルの作業時間は、１９年７月時点に比べ約８万時間減った。営業部門では約３・６万時間削減できた」と胸を張る。残業時間が大きく減り、社員の深夜帰宅もほぼなくなった。

泥くさい営業マインドで成長してきたところに、ＡＩという武器が加わり、成長はまだ続きそうだ。

（森　創一郎）

中小ゼネコンの深い憂鬱

房総半島内陸部に位置する千葉県長生郡長南町。人口は約7600人、公共事業費に当たる普通建設事業費は2021年度の予算ベースで約3・9億円。建設市場における存在感は限りなく小さいこの町に、大手ゼネコンが突如姿を現した。

「まさか大成建設が落札するとは」。地場のゼネコン幹部は動揺を隠せない。21年12月に入札が行われた町役場の建て替え工事での出来事だ。4グループが応札したが、落札したのは大成建設と地場ゼネコン（千葉県市原市に本社）が組んだ企業体だった。

落札価格の小ささにも驚きの声が上がった。大成のグループが提示した価格は9億7077万円。これはダンピング防止のために自治体が設定した最低制限価格と3万円しか違わない。入札価格が10億円を下回ったのは大成のグループだけだった。

「30億円以下の工事はやりません」。前出の千葉県の地場ゼネコン幹部はコロナ禍以前、大成建設の担当者からこんな話を聞いていたという。大型工事が豊富なため、小粒な案件には手を出さないという意味だ。

だが、21年5月に入札が行われた「新宿区牛込保健センター」の建設工事にも、大成建設の姿があった。他社に落札されたものの、大成の入札金額は29億円だった。

目先の売上高が欲しい

大成建設をはじめとする大手ゼネコンは足元の業績は振るわないが、手持ち工事は潤沢だ。小型工事の受注に走る必要はないように映る。

だが、前出のゼネコン幹部は別の要因を指摘する。「大手の手持ちは大型工事が中心。大型工事は受注から工事本格化までの期間が長いため、(進捗に伴い売り上げ計上する)工事進行基準では売上高がなかなか上がらない。端境期を埋めようと、すぐに完工できる小型工事を取りに来ているのでは」。

工事が大型化しているので、目先の出来高確保を採算よりも優先している、という見立てだ。冒頭の長南町役場建て替え工事は、落札からわずか1カ月半後の22年1月20日に起工式が開かれた。23年1月には新庁舎が竣工する予定だ。

中小ゼネコンの景況感は大手より厳しい。21年12月の日銀短観の業況判断指数（DI）は、建設業の大企業が14ポイントだったのに対し、中堅企業がマイナス2ポイント、中小企業は2ポイント。大手と中堅・中小企業とで著しい開きがあり、大手による侵食は見過ごせない。

中小は受注競争を避けようと、大手が触手を伸ばしていない案件を模索する。彼らが行き着くのは「分譲マンション」だ。タワーマンションを除く一般の中低層マンションは近年、大手による施工例がほとんど見られない。

背景にあるのが、手離れの悪さだ。分譲マンションは竣工後、入居者が室内をチェックする内覧会が行われるが、そこで内装の傷や汚れ、設備の不具合などが判明すれば、すべて無償で補修する必要がある。

「賃貸マンションとして1棟で売却するなら、ここまで細かく指摘されることはない。投資家は自分では住まないし、賃貸入居者は内装の傷なんて気にしない」（都内の中堅ゼネコン）

無事に引き渡しが完了しても終わりではない。引き渡しから1年後、2年後など定期的なアフターサービスが待っているほか、施工不良などのクレームにも随時対応する必要がある。

手持ち工事が豊富な今、大手ゼネコンは土木や非住宅（オフィスビルや商業・物流施設など）の工事を優先している。ある大手デベロッパーの幹部は、「大手ゼネコンに分譲マンション工事を打診したら、あまりにも高い額の見積もりを出してきた。最初から受注する気はない、とでも言いたげだった」と打ち明ける。

分譲マンションをめぐる悩みの種は、断続的に降りかかる補修工事だけではない。入金の遅さも、ゼネコンの受注姿勢を消極的にさせている。

首都圏某所に立つ、大手デベロッパーが供給した分譲マンション。工事費は総額100億円超と大型案件だが、代金の支払い条件はゼネコンにとって厳しいものだった。

この工事の請負契約書における代金支払時期に関する記述を要約するとこうなる。まず着工の翌月末日に、工事費のうち10％がデベロッパーからゼネコンに支払われる。その次は中間月（一定の作業工程に到達した段階）の翌月末日に10％。残りの80％はマンションが竣工してから3カ月後に支払われる。

工期は2年以上にわたるが、工事費の8割は竣工後までゼネコンが肩代わりすることになる。着工時1割、中間時1割、竣工時8割という支払い条件は「テンテンパー」と呼ばれ、分譲マンション工事をめぐる入金の遅さを揶揄する言葉として、ゼネコンの間で浸透しているほどだ。

マンションでも競争激化

ところが最近では厄介者の分譲マンション工事でさえ、受注競争が激化しているという。主なプレーヤーは準大手未満の中小ゼネコンだ。

都内の中堅ゼネコン幹部は「土木や非住宅工事の受注を増やしたいのだが、（大手ゼネコンなどとの）競争が激しい。受注高が計画に届かない場合、やむなく分譲マンションを取りに行く」と打ち明ける。しかも「大手が中型工事に下りてきたので、中堅はさらに金額の小さい工事や分譲マンションのような、大手が避けたがる案件を取りに行かざるをえない」（同）という。

分譲マンション工事を多く手がける別の中小ゼネコン幹部は、過当競争の現状を次のように嘆く。「小型工事は地場ゼネコンとの競争になるが、彼らは原価割れとしか思えない水準で見積もりを出してくる。足元の売り上げを優先して、会社の成長や株主への配当は後回しでもいいという考えではないか」。

折しも、分譲マンション用の資材は高騰が著しい。この幹部によれば、マンションの構造材である「異形棒鋼」と呼ばれる鉄筋の調達価格は、この1年で1トン当たり3割も値上がりした。ガラスも3割、石膏ボードは2割、生コンクリートは1割、ユニットバスやキッチン、洗面台などの住宅設備も1割、といった具合に全方位で資材高に見舞われている。

調達契約は長期で結んでいるため、高騰が一時的であれば影響は抑えられる。だが資材高が長期化すれば、「あくまで試算だが、50戸程度の中小型マンションなら工事費全体の1割程度のコスト増になる」(中小ゼネコン幹部)。デベロッパーが価格転嫁を認めるかは見通せない。

さらに金額の小さい工事や分譲マンション工事にまで大手が参入すれば、一層の競争激化は必至。ダンピング合戦に陥らないか、中小ゼネコンが気をもむ状況が続く。

(一井　純)

地方案件も採算性が急下降

前期比7割減の大幅営業減益に――。

大林組が2021年11月8日に発表した22年3月期の通期業績計画の下方修正は、ゼネコン業界に衝撃をもたらした。

修正後の売上高は前期比10・9％増の1兆9600億円だが、営業利益は同72％減の345億円になるという。当初計画に比べて605億円もの減額となり、東京五輪特需に沸く前の14年ごろの水準にまで一気に低下する。

同社は東京都港区にある高輪ゲートウェイ駅前の再開発プロジェクトの一環で、21年4月に超高層タワーを着工。港区虎ノ門・麻布台の大型再開発でも低層タワーなどの工事を進める。「これらの首都圏案件が昨今の資材高の影響を受け採算性が低下した」というのが関係者のもっぱらの見立てだ。

だが、高輪の再開発は工事が始まったばかり。大林組は工事進行基準の会計を採用しており、工事初期段階の損失計上は一般的には大きくならない。虎ノ門も想定外の不具合が発生したというようなことは聞こえてこない。高輪や虎ノ門だけでは、7割減益の説明がつかないのだ。

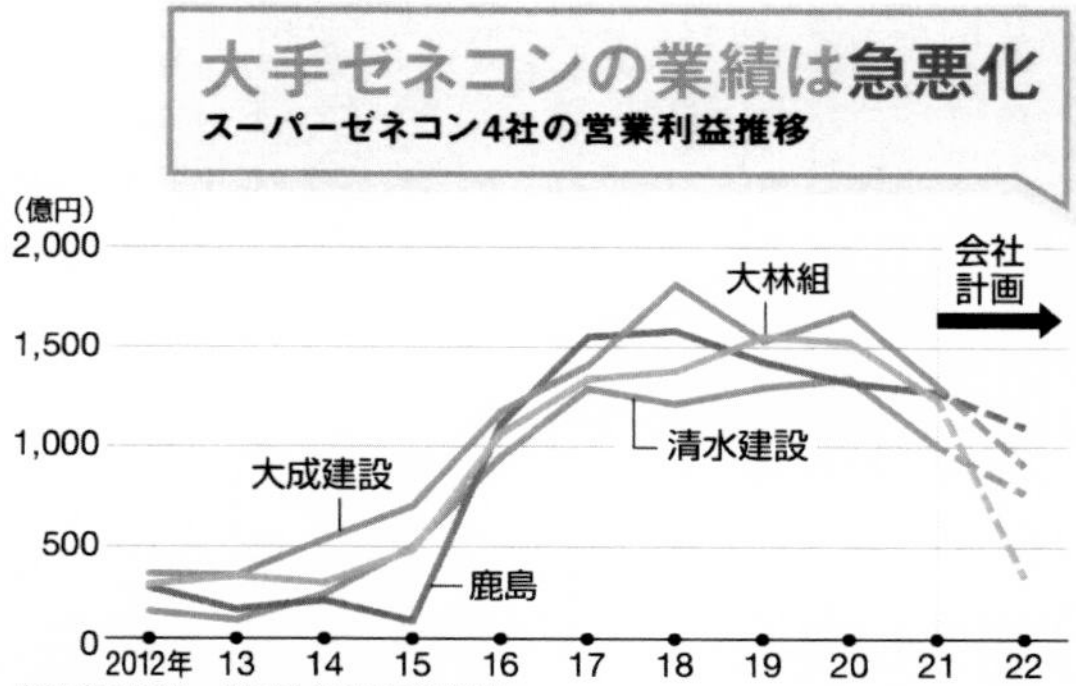

(注)各3月期　(出所)各社決算資料

受注した時点では赤字

大林組は複数の案件において、ＶＥ（バリューエンジニアリング。建材調達や工法の工夫により見積時よりもコストを安くする手法）提案などによる大幅な原価低減を見込んで戦略的な応札価格を提示して受注したが、鉄筋など資材の価格が上昇し、想定どおりに原価を低減できなかった。「受注した時点では赤字だった工事もある。原価低減などを進めることで、最終的には黒字になる見込みだった」（ＩＲ担当者）。

目算が狂った背景には、昨今の受注競争の激化がある。都心部の再開発案件を中心に工事の大型化が進む。案件数が限られるため、各社が取り合いを演じている。

建築資材費の高止まりも大打撃だ。２０２０年１２月時点で1トン当たり約7万円だった鉄筋価格は、足元では9万円台に上昇。受注時の見込みよりも高騰すれば、工事の採算性低下要因としてのしかかる。

大林組は損失を計上した案件については明らかにしていないが、「激しい争奪戦が繰り広げられた」（複数の業界関係者）とされる麻布台や高輪などの再開発案件の利益率が、資材高で想定以上に押し下げられたことは確かだろう。

気になるのは、大林組のIR担当者が付け加えた次の理由だ。「今回の損失の要因は資材高だけでは説明できない。そのほかに、当初考えていた施工方法を実際には適用できない案件もあった」。その案件の1つが、北海道北広島市で大林組が建設中の「北海道ボールパーク」とみられる。

北海道ボールパークは北海道日本ハムファイターズの新スタジアムを核とするエリア開発で、20年4月に着工し、23年3月の開業を目指して工事が進行している。総工費は約600億円。北海道民が期待を寄せる大型プロジェクトだが、「工事採算が相当に厳しく、工事損失が発生していてもおかしくはない」（大手ゼネコン社員）。

ボールパークは積雪地帯の北海道に建設されるため、日本の球場で初めて切妻造（最頂部から地上に向かって2つの傾斜面が延びる山型の屋根）の可動屋根を採用。寒暖差に対応できる特殊な技術を可動箇所などに導入する。

「（プロジェクト全体の）構造が複雑で、難しい工事だ。通常は基本設計後に設計会社とゼネコンが施工後の進行について詳細に検討するが、この協議で詰め切れない部分があったようだ。そのため、施工中に設計どおり進められない部分が出たのだろう」（別のスーパーゼネコンの設計士）という。北海道の業界関係者も、「球場内に建設される温浴施設などは、当初の計画とはかなり違う形になるようだ」と明かす。

工事遅延の懸念もある。地元のゼネコン事情に詳しい政界関係者は、「工事が遅れるのではないかと東京で話題になっていると聞いた。地元の議員も気にしていて、関係先に確認したところ、『イレギュラーは発生しておらず、22年12月の竣工予定に変更はない』とのことだった」と話す。

もともとボールパークはぎりぎりの工期で計画されていた。20年から工事はすでに昼夜交代の24時間態勢になっていて、「夜も煌々（こうこう）と明かりがついていて工事が進んでいる」（付近の住民）という。

施工が24時間態勢になっていることに、前出の大手ゼネコン社員は驚きを隠さない。「騒音が発生する作業は作業時間が自治体に規制されている。今や24時間交代施工は全国でも珍しい」。別の業界関係者も、「24時間交代施工は、工期にどうしても間に合わない際の最後の一手に等しい」と語る。昼夜を問わない突貫工事になると、人件費が膨らむことになる。
大林組のケースは、ゼネコン業界全体が「岐路」に立たされていることを象徴する。再生可能エネルギー事業の強化など事業構造の再構築が求められる。

（梅咲恵司）

下請け業者の悲鳴「それでは職人を雇えない」

かつてのゼネコンは安値受注をした際、サブコン（専門業者）などの下請け会社に無理難題をふっかけ、下請け代金を下げて採算の帳尻を合わせていた。だが現在、この手法はむやみには使えない。

ある大手ゼネコンの経営者は「資材価格があまりにも急騰したときには、安値では下請け会社との契約が成立しないケースがある。下請け会社も経営が厳しいので、『体力がない』と言って逃げてしまう。現場に作業員が来てくれなければ仕事にならない」と明かす。

地域鉄筋業協会の会員になっているある企業の場合、2021年11月時点の契約単価（請負契約に基づく単価）は5万～5万8000円と、2年前に比べて4～6％

ダウン。応援単価（職人に手伝いを頼んだ際の単価）も同1万9800円と、2年前に比べて5％下がっている。

「応援単価が2万円を超えなければ、応援を頼んだ建設会社は健康保険や労災保険などの社会保険料を賄えないだろう」と、鉄筋業協会の関係者は話す。「今の契約額では経営を維持できない」。鉄筋会社の社長の多くは、そうこぼしているという。

「安い単価で仕事を取ってはダメ、自分たちの首を絞めるようなもの。かつてそれをやって若い人が次々と辞めていった」と鉄筋業協会関係者は警鐘を鳴らす。いつか来た道に戻らないために、ゼネコン1社1社が適正な利益確保への意識をより徹底することが必要だ。

（梅咲恵司）

アクティビストの攻勢続々

「西松建設は身ぐるみを剥がされ、裸同然の姿にされたようなものだ」

ある中堅ゼネコンの幹部は、準大手ゼネコン・西松建設とモノ言う株主（アクティビスト）として知られる村上系ファンドとの攻防戦をこのように振り返る。

2020年春ごろに村上系ファンドのシティインデックスイレブンス（以下、シティ）の西松建設株取得が明らかになって以来、2年近くにわたって、株主還元強化や再編を訴える村上系ファンド側とそれに反発する西松建設との対立が続いていた。

その後、21年12月になって西松建設は総合商社大手の伊藤忠商事との資本提携を発表した。伊藤忠商事は同月、シティなどから西松建設の株式を議決権ベースで約10％取得。西松建設の筆頭株主となった。いわば、伊藤忠商事が西松建設の「ホワイトナイト（白馬の騎士）」になった形だ。

最初から伊藤忠が大本命

西松建設のホワイトナイトとしては、「スーパーゼネコンの大成建設が有力」（複数の業界関係者）と見なされていた。大成建設と西松建設はともにメインの取引銀行がみずほ銀行で、「みずほ銀行は大成建設と西松建設の統合の絵を描いている」（中堅ゼネコンの経営者）とみられていたからだ。

ところが、西松建設の関係者は「（実際のホワイトナイトとしては）最初から伊藤忠商事が大本命だった」と明かす。

シティと西松建設は、20年の初めからおよそ2年間にわたって激しいせめぎ合いを繰り広げた。1874（明治7）年創業の老舗ゼネコンである西松建設だが、その長い歴史の中でも「過去最大の経営ピンチだった」（前出の西松建設関係者）と語られるほどだ。

シティが20年4月に提出した大量保有報告書で西松建設に出資していることが判明。21年に入ってから急速に保有比率を上げ、一時は23％を超える株式を保有した。シティは株主還元策の強化や、同じくシティが出資する大豊建設との統合を求めた。

西松建設は大豊建設との統合については拒否したものの、21年5月に掲げた中期経営計画の中で、24年3月期までの3年間で200億円以上の自己株買いの実施と、配当性向を70％以上に引き上げること（従来は30％以上）を打ち出した。ところが、シティは西松建設が保有する不動産の売却などによる、最大で2000億円の自己株買いを再提案。これを受けて西松建設はシティに株の買い増し中止を要請するなど、対立はヒートアップした。

その後、西松建設は21年9月から10月にかけて543億円を投じ自己株の公開買い付けを実施。シティはこれに応じたがシティ側に議決権ベースで10％の株式が残ったため、12月15日に伊藤忠商事がこれを約145億円で買い取った。

西松とシティ間で繰り広げられた「2年戦争」で、西松建設の株価は20年1月の

2400円台から21年12月15日3475円へ40%超上昇した。株価は上がったものの、複数の業界関係者が指摘するように「西松建設は子ども扱いされ、いいようにされた」にすぎないのかもしれない。

西松建設は増配や自己株取得により多額のキャッシュを吐き出す形で、シティとの2年戦争に終止符を打った。

伊藤忠側の事情

気になるのは、西松建設のホワイトナイトとしてなぜ伊藤忠商事が出てきたのかだ。「総合商社大手が準大手ゼネコンに出資して筆頭株主になったケースは過去にはない」（中堅ゼネコン幹部）と業界からは驚きの声が上がっている。

この点、西松建設の関係者は「同業のゼネコンと連携してもその後の協業がうまく進むとは思えなかった。かねて不動産開発事業などで異業種連携を模索していて、その中で伊藤忠商事は有力候補だった」と明かす。

西松建設は戦略的取り組みとして、不動産事業の強化を掲げている。その一環としてここ数年、伊藤忠商事と連携していた。西松建設が22年3月に開業予定の「ホテルJALシティ富山」(富山県富山市、ホテルオークラと共同運営)は、伊藤忠商事と西松建設が共同開発した案件だ。

西松建設は21年10月には、伊藤忠商事が100%出資する資産運用会社の株を8割取得し、不動産アセットマネジメント事業をスタートさせた。こうした経緯から、11月上旬に両社の部長クラスが接触。その後、経営者同士の協議に発展し、資本提携に至ったという。

西松建設の関係者は「伊藤忠商事は建設資材の販売を手がけるだけでなく、再生可能エネルギー関連の事業も強化している。西松としては、今後の成長に向けて連携できる分野が多い」と強調する。

一方の伊藤忠商事も「ゼネコン分野への進出に興味があったようだ」(別のゼネコン関係者)とされる。「建設投資が年間60兆円を超えるため、伊藤忠商事はビジネスチャンスが数多くあるとみているのだろう」(同)。

伊藤忠は子会社や出資先を通じて建材の製造や販売を手がけている。子会社の伊藤忠都市開発は物流施設やデータセンター事業を展開している。「このような建設関連分野の強化の一環として、西松建設に出資した」と、伊藤忠の広報担当者は説明する。両社の関係が深化するかは今後の動向次第だが、伊藤忠による西松建設への出資はゼネコン再編の「転機」となりそうだ。

ゼネコン業界ではこれまで、建設会社同士のM&Aが主流だった。三井建設と住友建設が03年に合併して誕生した三井住友建設、13年にハザマと安藤建設が合併して生まれた安藤ハザマなどが好例だ。

今後の注目は、シティなどが株式を38%超保有する大豊建設の行方だ。大豊建設のホワイトナイトとしては西松建設と同じく、大成建設が取り沙汰されている。「大豊建設はニューマチックケーソン（橋梁の基礎工事などに用いられる特殊技術）を持っている。技術者の確保という意味もあり、大成建設にとって時価総額約700億円の大豊建設は規模感がちょうどよい買収案件になるのではないか」（中堅ゼ

ネコンの幹部)

また、準大手ゼネコンの熊谷組も大豊建設への出資を模索しているようだ。「熊谷組は21年度から23年度までの中期経営計画において400億円の投資枠を設けているが、現時点では投資先の当てがない状況だ。経営幹部が社長に、大豊建設への出資を提案した」(別の中堅ゼネコンの社員)。

もっとも、伊藤忠商事やほかの総合商社がシティの持つ大豊建設株を引き受ける可能性は十分にある。商社以外の異業種企業が参戦してくることも考えられよう。モノ言う株主の出資を引き金に、再編機運が高まるゼネコン業界。これまでとは違った動きが見られそうだ。

(梅咲恵司)

建設株を買い増し続けるモノ言う株主

アクティビストの主な保有銘柄

出資ファンド名	社名	保有比率(%)	時期	PBR(倍)
シティインデックスイレブンス	大豊建設	38.66 *1	2022年 1月 11日	0.91
	東亜建設工業	9.35 *2	21年 10月 18日	0.60
	三井住友建設	6.25 *2	12月 3日	0.66
英シルチェスター	戸田建設	12.08	21年 10月 19日	0.73
	奥村組	10.86	22年 1月 12日	0.72
ストラテジックキャピタル	浅沼組	8.97	22年 1月 12日	1.03
	世紀東急工業	7.20	21年 6月 8日	0.79
米ダルトン・インベストメンツ	大成温調	6.22	21年 11月 22日	0.51

(注)保有比率は直近の大量保有報告書が提出された時点(表の「時期」)、PBRは1月24日時点、*1は南青山不動産保有分を含む、*2は野村絢氏保有分を含む　(出所)大量保有報告書を基に東洋経済作成

「割安&好財務ゼネコン」ランキング

数年前まで続いた東京五輪の特需で、ゼネコン各社は豊富な現預金を手元に抱えている。にもかかわらず株価が割安に放置されている会社が多く、アクティビストに狙われた。

今後はどの会社が狙われるのか。村上世彰氏は著書『生涯投資家』の中でこう述べている。「時価総額に占める現預金(不動産、有価証券など換金可能な資産を含む)の割合、PBR(株価純資産倍率)、株主構成などを点数化してスクリーニングをする」。

村上氏の発言を考慮しつつ、アクティビストが目をつけそうなゼネコンをあぶり出したのが次のランキングだ。東証業種分類が「建設業」の上場企業を対象にした。

株価が割安(PBRが低い)、現金などの資産が時価総額に比べて豊富(ネットキャッシュ倍率が低い）、外国人株主の割合が高い（外国人持ち株比率が高い）、財務が健全（自己資本比率が高い）という4条件で各社に順位をつけ、それらを点数化してランキングした。

アクティビストに狙われやすい ゼネコンランキング

順位	証券コード	社名	総合点	PBR(倍)	ネットキャッシュ倍率(倍)	外国人持ち株比率(%)	自己資本比率(%)
1	1793	大本組	118	0.49	1.21	10.6	75.2
2	1905	テノックス	129	0.45	0.76	8.0	70.9
3	1879	新日本建設	133	0.57	0.84	16.0	68.3
4	1799	第一建設工業	135	0.65	2.42	18.6	87.4
5	1972	三晃金属工業	136	0.47	1.06	11.0	65.0
6	1976	明星工業	142	0.71	2.10	21.1	78.9
7	1934	ユアテック	143	0.40	1.47	11.3	62.4
8	1944	きんでん	144	0.73	2.49	28.9	76.4
9	1841	サンユー建設	158	0.29	0.79	0.4	79.9
10	1950	日本電設工業	159	0.61	2.60	17.6	74.5
〃	1997	暁飯島工業	159	0.61	1.20	15.8	64.9
12	1930	北陸電気工事	164	0.65	1.14	7.7	75.9
〃	1826	佐田建設	164	0.51	1.03	10.2	60.5
14	1897	金下建設	165	0.45	1.47	1.1	84.8
15	1904	大成温調	176	0.52	1.29	8.2	62.7
16	1982	日比谷総合設備	186	0.77	1.49	8.9	77.6
〃	1965	テクノ菱和	186	0.47	1.53	3.2	70.1
18	1941	中電工	189	0.55	3.78	9.2	79.5
19	1827	ナカノフドー建設	200	0.36	1.21	10.2	45.1
20	1945	東京エネシス	205	0.59	2.27	7.7	68.4
21	1960	サンテック	206	0.37	3.09	2.9	71.1
22	1963	日揮ホールディングス	210	0.71	2.67	31.7	55.9
23	1758	太洋基礎工業	211	0.45	1.93	0.7	72.7
24	1882	東亜道路工業	215	0.52	4.21	16.2	60.3
25	1980	ダイダン	217	0.65	2.10	12.1	59.9
26	1866	北野建設	220	0.37	3.37	4.8	62.1
27	1835	東鉄工業	222	0.91	2.89	16.6	74.3
28	1417	ミライト・ホールディングス	229	0.83	5.02	24.4	68.4
〃	1770	藤田エンジニアリング	229	0.58	1.52	3.5	63.4
〃	1811	錢高組	229	0.39	1.26	3.7	50.6
31	1967	ヤマト	230	0.61	3.81	6.1	74.1
32	1400	ルーデン・ホールディングス	231	1.01	1.71	6.0	82.4
〃	1942	関電工	231	0.65	5.00	16.7	63.7
34	1771	日本乾溜工業	233	0.41	0.95	0.2	60.6
35	1921	巴コーポレーション	235	0.52	5.40	5.0	71.6
36	1736	オーテック	237	0.72	2.87	10.2	65.1
〃	1810	松井建設	237	0.54	2.08	3.6	61.5
〃	1884	日本道路	237	0.81	3.26	23.0	61.0
39	1723	日本電技	240	1.22	3.14	17.9	76.8
〃	1716	第一カッター興業	240	1.12	2.54	13.7	75.0
41	1881	NIPPO	242	1.23	3.72	26.7	72.5
42	1840	土屋ホールディングス	246	0.39	1.81	1.8	53.8
43	1743	コーアツ工業	247	0.32	2.56	0.5	62.6
〃	1776	三井住建道路	247	0.82	1.03	11.6	52.3
45	1949	住友電設	249	0.87	2.49	16.7	59.6
〃	1443	技研ホールディングス	249	0.35	2.14	0.9	59.3

(注) 総合点は、PBRの低さ、ネットキャッシュ倍率の低さ、外国人持ち株比率の高さ、自己資本比率の高さの順位の合計。対象は東証業種分類が「建設業」の企業。ネットキャッシュ倍率＝時価総額÷ネットキャッシュ（現金・預金＋短期有価証券－前受金－有利子負債）。ネットキャッシュがマイナスの企業は「—」で表記し、ネットキャッシュ倍率の低さの順位はすべて113とした。PBR、時価総額は1月5日時点。外国人持ち株比率、自己資本比率は四半期を含む直近期末時点

1位は岡山県を地盤に全国展開する中堅ゼネコンの大本組。2位は建設基礎工事の専業大手テノックス。アクティビストに経営統合などを迫られる建設会社はどこか。上位企業に注目だ。

（梅咲恵司）

ゼネコン次の一手　新たな食いぶちを探せ！

再エネ、リニューアル、脱請負……

「ゼネコンは『請け負け』の業界」。ゼネコン関係者に浸透している言葉だ。競争激化を背景に低採算工事を請けざるをえない局面がここ数年、ますます増えている。

江戸時代や明治時代に創業した老舗を中心に、ゼネコンが日本全土のインフラ構築を担ってきたことは事実だ。しかし、今後は少子高齢化などを背景に新築工事が減少する時代に入る。これまでのように待ちの姿勢で工事を請け負うのでなく、戦略的に成長領域を見極めていかなければ、やがて行き詰まる。

ゼネコン各社は新たな収益源を求めて新領域の開拓に力を注いでいる。

その筆頭が、再生可能エネルギーに関わる事業だ。スーパーゼネコンの一角、清水建設は洋上風力発電の受注強化を図る。同社の井上和幸社長は「超大型の洋上風力発電所の建設に対応できる、世界最大級の能力を持ったSEP船（自己昇降式作業台船）を2022年10月の完成に向けて建造している」と語る。

清水建設は洋上風力建設の技術やノウハウを持つ欧州の有力企業と相次いで提携。国内だけでなく、海外での再エネ事業の展開も視野に入れる。

清水建設が建造中のSEP船。2021年11月撮影

同じくスーパーゼネコンの大林組は、地熱エネルギーを電力に変え、その電力でつくるグリーン水素の出荷を開始した。「21年7月に大分県九重町に実証プラントを建設した。地熱由来の発電所で、地元の会社の協力を得て、蒸気で発電し、その電力で水を電気分解し水素をつくるプロセスを確立した」。大林組の蓮輪賢治社長はそう言って胸を張る。

準大手ゼネコンの戸田建設も再エネ事業に傾注する。最大の武器は浮体式洋上風力発電設備の技術だ。浮体式風力は海上に構造物を浮かべ、その上に載せた風車を使って電力を得る。遠浅が少ない日本周辺の海には、海底に風車を固定する着床式よりも、浮体式のほうが適しているといわれている。「いずれ浮体式が日本の風力発電設備の主力になる」と、戸田建設の大谷清介社長は強調する。

次の100年を見据える

再エネ以外の成長領域として期待が集まるのが、リニューアル工事だ。

大成建設は20年11月に相川善郎社長の肝煎りで「リニューアル本部」を設立。

オフィスビルや道路、橋梁といった建造物の修繕・建て替え工事の獲得に力を入れている。相川社長は「リニューアルに特化した技術力と営業力を磨く目的でリニューアル本部を設立した。今後ますますリニューアル需要は高まっていく」と話す。

さらに、「脱請負」を掲げ、インフラ運営事業の強化など、ほかの大手ゼネコンとは一線を画す動きを積極化している会社もある。インフロニア・ホールディングスだ。21年10月に、前田建設工業や前田道路などが傘下に入る持ち株会社として誕生したゼネコンだ。

これまで、仙台国際空港や愛知県有料道路のコンセッション(公共施設などの運営)事業を手がけてきた。今後も提携先の仏水道大手スエズと連携し、水道事業の獲得を狙う。「次の100年を見据えると、請負業だけの一本足経営はリスクがある。インフラの上流から下流までワンストップでマネジメントする総合インフラサービス企業を目指す」と、インフロニアの代表執行役社長に就いた岐部一誠氏は語る。

ゼネコン各社に吹き付ける逆風は厳しさを増す一方だ。新たな収益基盤の確立に、残された時間は限られている。

(梅咲恵司)

水面下での「仕込み」進めるゼネコン

東京駅前で建設が進む「東京ミッドタウン八重洲」。その南側の低層ビル群は、再開発事業「八重洲二丁目中地区」。低層ビル群は今後取り壊され、2028年度に43階建てのオフィスビルとなる予定。三井不動産などとともに鹿島が事業者に名を連ねる。目的は超高層ビル建設工事の受注だ。

受注のために汗をかく

再開発の取りまとめには、不動産会社だけでなくゼネコンも協力する。不動産会社とともに再開発に向け地権者の機運を高めたり、手続きを代行したりして汗をかく。工事の発注先は地権者の意向次第だが、再開発の初期段階から協力していたゼネコンは選ばれやすい。

再開発への「協力」を通じて受注に布石 —計画中の大型再開発(一例)—

地区名	事業協力者など	概要	竣工予定	総事業費(予定)
三田小山町西地区	戸田建設、大成建設	44階建てマンションなど	2026年度	約1081億円
東五反田二丁目第3地区	竹中工務店	39階建てマンションなど	27年度	約923億円
八重洲二丁目中地区	鹿島	43階建てオフィスビル	28年度	約3172億円
八重洲一丁目北地区	大成建設	44階建てオフィスビルなど	29年度(南街区)	約1582億円
西新宿三丁目西地区	前田建設工業	65階建てマンションなど	29年度	2000億円規模

(注)計画内容は記事執筆時点　(出所)各種資料を基に東洋経済作成

再開発案件は一般の工事より巨額だ。八重洲二丁目中地区の再開発組合の事業計画書では、総事業費約3172億円のうち2000億円超が工事費として計上されている。

東京ミッドタウン八重洲を挟んだ北側でも大型再開発が進む。東京建物とともに「八重洲一丁目北地区」の音頭を取るのは大成建設。こちらは29年度に44階建てのオフィスビルを開発予定だ。東京都が再開発組合設立を認可した際の資料によれば、総事業費約1582億円のうち約1000億円を工事費として見込む。

再開発は大型工事の受注機会である一方、景気や地権者の意向に左右される。都内のある再開発予定地では、大手ゼネコンがタワーマンションの建設をもくろんでいたが、住民の強烈な反対運動が起き、撤退した。

再開発の中には競争入札を経る案件もある。三菱地所が東京駅北側の常盤橋地区で進める「トウキョウトーチ」がそれだ。高さ約390メートルと、竣工すれば日本一高いビルとなり、工事費は2000億円規模とみられる。

ゼネコン関係者によれば、21年末に入札が実施され、22年春にも施工者が決まる見通しだ。大型案件の営業活動は、今も水面下で着々と進んでいる。

（一井　純）

東北は「需要蒸発」、北海道は「消耗戦」

地場ゼネコンの深刻事態

「大手ゼネコンが地方で受注を積極化している。地場のゼネコンは受注できる案件が減り、経営が苦しくなっている」

そう解説するのは、中堅・中小企業のM&A(合併・買収)仲介最大手、日本M&Aセンターの業種特化事業部・前川拓哉ディールマネージャーだ。

建設業のM&A成約件数は2018年度95件、19年度111件、20年度114件と徐々に増え、21年度は4~9月の6カ月間ですでに77件となっている。前年度を大きく上回り、過去最多を更新する勢いだ。

北海道や東北は公共工事が支える

地域別の建設投資

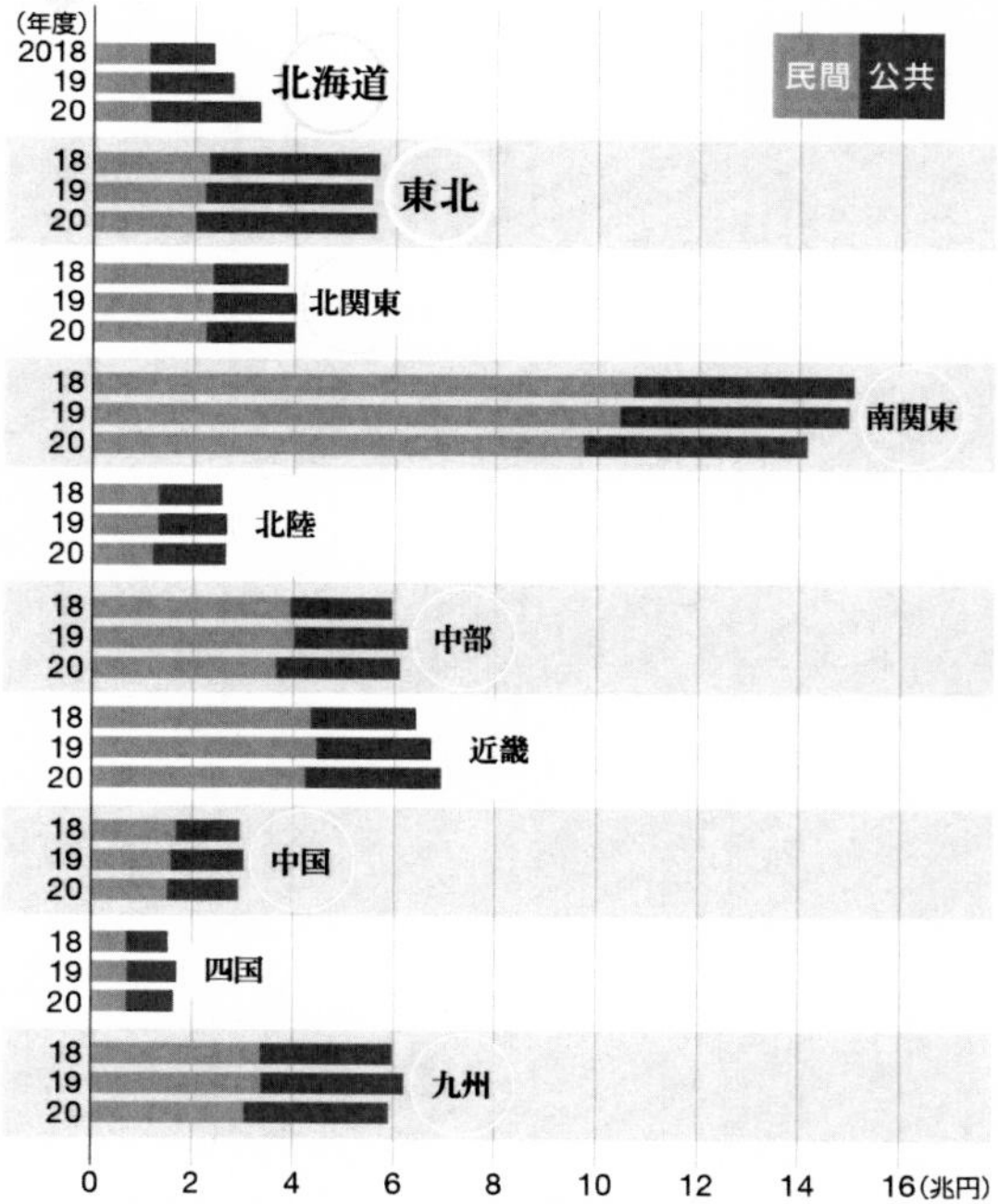

(注)出来高ベース　(出所)国土交通省「建設総合統計」

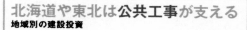

先のグラフは、東京を含む南関東など大都市圏は民間の建築工事（棒グラフの茶色部分）が豊富にある。だが、発注者である施主にしてみれば工事価格は安ければ安いほどよく、民間工事には値下げ圧力がかかりやすい。しかも大都市圏の工事は大型化傾向にあり、受注競争が激化している。南関東の民間工事は１８年度から２０年度にかけて規模が縮小している。

一方、北海道や東北、九州といった地方圏は公共の土木工事（棒グラフの赤色部分）が全体の工事量を支えている。ただ、ここ数年は、大手ゼネコンが大都市圏の受注競争の厳しさから逃れるように地方案件を掘り起こそうとする動きが活発化。体力に劣る地場の中小ゼネコンは入札で競り負けるケースが増えている。加えて、地方は今後、人口減少が加速し、工事の先細りも懸念される。

日本M&Aセンターの前川氏は今後の見通しについて、「とくに東北の建設会社が厳しくなりそうだ。再生したくてもスポンサーがつかず、経営権を譲渡する相手も見つけられずに自主廃業するケースが増えてきた」と話す。

【東北】震災復興が一段落　再エネ工事を模索

東北は長らく建設不況にあえいできたが、11年の東日本大震災以降は復興需要があった。福島県の地方銀行のある幹部は、「県下の建設業者はかつて破綻懸念先が多かったが、復興需要を受けて軒並み優良先になった」と明かす。

だが、東北はこれから一気に冬の時代を迎える。「2022年は復興需要がほぼゼロになる」とみるのは、福島県建設業協会の鈴木武男専務理事だ。福島県は面積が大きく、橋梁や道路の修繕工事などが底堅くあるが、復興工事の減少を補うほどの工事高にはならない。

復興需要が消滅すると、人手不足の深刻度が増す。「福島に来てくれていた職人が、大型再開発の計画がある首都圏や、万博効果が期待される大阪などに流れてしまう」（福島県の老舗建設会社、石川建設工業の石川俊社長）。

若者の建設業離れや後継者不足も重なり、地場の建設会社では自主廃業に踏み切るケースも増えている。別の地元建設会社関係者は「ファンドや金融機関から、M&Aに関する電話が月4～5件ほどかかってくる。『会社を買いませんか』『会社を売りませんか』と、売り手と買い手の両方から声がかかっている」と語る。

地域インフラ支える矜持

厳しい状況の中、東北の建設会社が次の手として模索するのが、風力発電や太陽光発電といった再生可能エネルギーに関する工事だ。

震災による津波で甚大な被害に見舞われた福島県南相馬市。被災した宅地や周辺の農地を市が買い取り、復興関連事業として活用している。その一画を借りる形で、石川建設などの地元建設会社や日立グループらが合弁を組み、「万葉の里風力発電所」として、巨大風車4基を運営している（18年3月運転開始）。発電出力は9・4メガワットで、一般家庭約4000世帯分の電力を生み出す。

「今後も再エネ関連に力を注ぐ。単に儲けるために仕事をするのではなく、地域のインフラを支える会社として地域貢献していきたい」。石川建設の石川社長は言葉に力を込める。

（梅咲恵司）

【北海道】大型再開発多いが　採算の低さに悲鳴

北海道も東北と並んで厳しい。工事は一見、豊富だ。北海道新幹線の延伸（新函館北斗 ― 札幌）が2031年春に完了予定。それによる経済活性化を見込んで、札幌市中心部では老朽化ビルを建て替える大規模再開発が相次ぐ。札幌から電車で約20分の北広島地区では北海道日本ハムファイターズの新本拠地、北海道ボールパークのエリア開発が進む。道央のニセコ地区ではさらなるリゾート施設開発が進展している。公共部門でも北海道開発予算をはじめとする建設予算が安定的に投じられそうだ。

だが、大規模な工事が豊富にあるだけに、本州の大手ゼネコンも群がってきており、「消耗戦」の様相を呈している。

札幌市やJR北海道などはJR札幌駅南口の再開発事業を進めている。21年11月、再開発の柱となる超高層ビル建設の特定業務代行者に、清水建設を代表とするJV（共同企業体）を選定したと発表した。ビルは新幹線駅に隣接する「北5西1・西2地区」に位置し、高さ250メートルと道内最高層で、道都の新しいランドマークとなる。開業は29年秋を予定している。

札幌駅周辺に建つ大型施設
—店舗・オフィス・ホテル・医療施設など—
2023年冬 北8西1
23年夏 北6西1オフィス
JR函館本線
JR札幌駅
— 北5東1
27年度 北4西3
29年秋 北5西1・西2
さっぽろ
さっぽろ
22年度 札幌第一生命ビル
— 北海道ビルヂング
地下鉄南北線
地下鉄東豊線
創成川
2023年冬 北8西1
名称
竣工時期・メド
(注)「—」は竣工時期未定
(出所)取材を基に東洋経済作成
23年度 北海道放送跡地

ビル周辺にはホテルや商業施設なども建設される。清水のほか地元の伊藤組土建、岩田地崎建設、札建工業などが協力する。

同地区再開発準備組合のあるメンバーは「清水は駅ビルに関し周辺状況、それぞれの地権者の利害について詳細に調べ上げていた。必ず受注するという意気込みを感じた」と振り返る。

当初は大手ゼネコン5社前後が興味を示していたが、21年秋の最終選考まで残ったのは清水と鹿島の2社だった。実は両社は、約20年前に同じJR札幌駅ビルの再開発で火花を散らした経緯がある。

現在の札幌駅ビルが開業したのは2003年。JR改札や商業施設「札幌ステラプレイス」などが位置するセンター工区を清水JVが施工。JRタワーの東工区は鹿島JVが担当した。当初、清水JVが両工区を一体で施工するはずだったが、鹿島が巻き返して工区が2つに分かれ、清水はタワーを横取りされる形となった。

清水は近年の札幌再開発ラッシュでも大型案件を取れていない。チェーンホテルを複数受注したが話題性を欠き、今回のJRのプロジェクトは絶対に落とせない案件だった。清水は採算性に目をつぶり、鹿島より15%程度低い請負額を提示して仕事をもぎ取った。

鹿島が五洋に競り勝つ

鹿島も執念を見せる。JRの案件を諦める一方、札幌駅近くの旧西武百貨店札幌店跡地「北4西3地区」の再開発で事業協力者に内定したのだ。こちらも200メートルの高層ビルを建てる計画で、ヨドバシカメラの大型店やホテルなどが入る。27年度に完成し、札幌中心部の景色を変えることになる。

最終選考まで残っていたのは、鹿島と五洋建設だった。五洋は当初、鹿島より数十億円安い見積もりを出し、地元の伊藤組土建から協力を取り付ける動きも見せていた。海洋土木を看板に掲げる五洋なら、札幌駅前エリアで問題となる地下水の処理に強みを発揮すると考えられ、本命視する向きも少なくなかった。

だが、鹿島は攻勢に出る。見積額を見直したうえ、ビル建築で新たに発生する床のうち2万4000平方メートルを自社で取得するなどの提案を再開発準備組合に持ちかけた。そのフロアに鹿島北海道支店を移転する案もちらつかせる。プレゼンテーションでは東京本社から取締役が駆けつけ、地権者に直接説明する場面もあったという。

2021年10月1日の最終討論会を経て、内定したのは鹿島。最後の見積額は「五洋より1億円程度低かった」(業界関係者)といわれる。鹿島は再開発準備組合員である札幌市とのパイプを太くし、将来見込まれる地下鉄ホーム拡張工事などの受注につなげたい考えだ。

札幌市だけでなく、周辺地域も含め建設需要は旺盛だ。隣の石狩市内では熊谷組がニトリの大型物流センターを建設中。恵庭市内の道の駅では、積水ハウスと鴻池組が外資ホテルの建設を手がける。

公共工事も活況だ。北海道建設新聞が公表するゼネコン受注状況によると、21年4~9月のスーパーゼネコン5社の官庁工事受注高は合計で156億円強と、前年同期比3倍強に膨らんだ。北海道新幹線関連工事が寄与した。

仕事はある。が、問題は採算性だ。「全国規模のゼネコンが工事を取りに来るようになり、価格競争が極端に激しくなった」と、札幌の設計事務所関係者。21年着工した石狩市の輸送機械メーカーの店舗改装工事で、発注側が積算した工事費はおよそ15億円。これに対し、ある準大手ゼネコンは発注側の想定を約1000万円下回る額を提示し、受注したようだ。

足元では、建設労働者が足りないため人件費は上がり続ける。資材費高騰も止まらず、採算性は悪化の一途をたどる。シワ寄せを受けるのは、下請けの地場ゼネコンや専門業者だ。北海道は今後、人口減少が加速し、「オフィスや住宅はいずれ供給過多になる」(札幌市の建設会社関係者)。

次の一手として地元が期待するのは、国際観光地としてのインフラ整備だ。現状はニセコ地区や札幌圏など一部に投資が偏るが、将来は道東、道北など札幌から離れた地域でも宿泊・サービス施設の需要が高まる可能性がある。施設周辺では道路整備もありそうだ。

ただ、全国規模のゼネコンは地方の営業基盤が弱く、こうしたニーズに対応できるかは未知数。北の合戦場で勝ち残るゼネコンは、どこになるのだろうか。

(ジャーナリスト・真山芳岳)

Keyman Interview　経営トップにズバリ問う

ゼネコンに活路はあるのか?

ゼネコン3社（大成建設・大林組・清水建設）のトップに、これからの展望を聞いた。

（聞き手・梅咲恵司）

【大成建設】

「変化に適応しないと企業は生き残れない」

大成建設　会長・山内隆司

私が建設業界に従事して50年以上経っているが、その間に、フォローの風が吹いて仕事が潤沢にあった時期は2回しかない。1回目は（1980年代後半の）バブルのとき、もう1回は（2015年から19年ごろにかけて）東京五輪の特需に沸いたときだ。それ以外の期間はずっと、建設業にとって冬の時代だった。過当競争がきつく、建設業界は低い利益水準にあえいできた。

足元の受注競争が厳しくなっているのは、業界が「元の状態に戻っただけ」ともいえる。この厳しい時代にどうやって生き残るのか、業界全体で考えていかないといけない。

日本は自然災害が多いので、(防減災などの)インフラ対策が欠かせない。こういった土木需要は今後も底堅く続くだろう。土木工事は(国からの発注が多いこともあり)、いわゆる工事価格の低下には一定の歯止めがかかる。

しかし、民間の建築工事にはそういったセーフティーネットがない。発注者からすれば、工事価格は安ければ安いほどいいので、価格下落圧力が強くなりがちだ。一方で、ゼネコン側も工事を失注すると売上高に影響してくるので、大型工事をめぐる受注競争が激しくなる。この先も過当競争が続くだろう。日本では少子高齢化が進むため、今後も国内に順調に仕事があると思うほうが間違っている。

ダーウィンの「適者生存の法則」がいうように、大きいから生き残れるわけではなく、環境の変化に合わせたものが生き残れる。昔、地球上に氷河期がやってきたときに、大型の恐竜はみんな死に絶えた。だが、分厚い毛皮を持った哺乳類は寒さに耐えて、地球の主役になった。建設業界も今後、環境の変化に適応しないと生き残れない。

ハウスメーカーは以前、ゼネコンより売上高が小さかった。それが今や、ゼネコン各社を凌駕するハウスメーカーも出てきている。われわれゼネコンはこれまで何をやってきたのか、と言いたくなるほどの差だ。
ハウスメーカーの勢いをゼネコン業界も謙虚に受け入れて、対応を考えないといけない。

山内隆司（やまうち・たかし）
1946年生まれ。69年大成建設入社。2007年社長就任、15年代表取締役会長、21年から取締役会長（現職）。

【大林組】

「大型の技術連合へ参加する可能性も」

大林組　社長・蓮輪賢治

「建設ＲＸコンソーシアム」（施工ロボットなど次世代技術の開発に連携して取り組む、業界横断的な組織）が目指している理念などについて異論はない。ＡＩ（人工知能）などの開発は個社で取り組むのではなく、共有しながら成長させていく、あるいは普及させていく必要がある。

大林組も（施工ロボットなどの）技術開発に力を注いでおり、技術の普及・促進がある程度の段階に入れば、そうしたＲＸチームに加わることも選択肢の1つだと思っている。

ただ、ＲＸを否定するものでもないが、積極的に参加しようと思っているわけでもない。注視しながら、意義があるなら参加する。

２０２１年7月には、再生可能エネルギーを利用して製造する「グリーン水素」の出荷を開始した。

カーボンニュートラルに向けてどのような社会貢献ができるかを考え、われわれが持つ技術で何ができるのか模索する中で出てきたのが水素だ。結果的に行き着いたのが、地熱エネルギーを電力に変えて、それを使って水素をつくるグリーン水素だった。

２１年7月に大分県九重町に実証プラントを建設した。まさに地熱由来の発電所だ。地元の会社が噴気（を出す工程）を開発していて、大林組がそれをベースに蒸気を利用して発電、その電力で水を電気分解して水素をつくるというプロセスを確立した。

また、今はとくに洋上風力に期待が集まっているが、当社には風車の基盤（土台）を築くスカートサクション工法がある。

海底地盤を貫いてコンクリート製の円筒形の壁を入れ、洋上風車の安定性を確保する工法だ。この工法は経済的にもメリットがある。

海外では約４０年前に確立された工法で、大林組が同工法を使って実証的な工事を行ったのは00年ごろのことだ。関西国際空港第2期の埋め立て工事で、スカートサクション工法の実証も兼ねて施工した事例がある。その後、16年以降に洋上風力の基礎として開発し、このたび実証にこぎ着けた。

蓮輪賢治（はすわ・けんじ）
1953年生まれ。77年大林組入社。執行役員、テクノ事業創成本部長などを経て、2018年3月から現職。

【清水建設】

「環境関連事業の強化とDXの推進が不可欠」

清水建設　社長・井上和幸

建築分野では、首都圏において超大型の再開発案件が複数ある。全国的に見てもデータセンターや半導体の工場、物流センターなどの工事が豊富だ。土木分野でも、国土強靭化関連、防減災関連の社会インフラ構築に関わる案件が数多くある。

だが今は、仕事があるのにゼネコンの利益率がぐっと落ちてきている。採算割れの工事が非常に多くなっているせいだ。都内だけでも1000億円規模の工事がいくつかある。そういう大型案件は目立つし、量（請負額）という面でも魅力的だが、当然、受注競争が厳しくなる。

加えて、ここ1年ぐらいは鉄骨や生コンクリートといった建設資材の価格が高騰し、ガラスなどの内装材も価格が上昇基調にある。さらに、大型の仕事が複数進行しているため、労務費（建設作業員の契約単価）も上がってきている。

2021年に50年までの環境ビジョン「SHIMZ Beyond Zero 2050」を発表した。脱炭素化やカーボンニュートラル問題に真正面から取り組んでいく。同時に、DX（デジタルトランスフォーメーション）を進めデジタル技術を活用して施設運営などのサービスを展開していく。

また、今後の成長分野として期待できる洋上風力の発電施設工事の受注強化に向け、超大型の洋上風力発電所の建設に対応できる、世界最大級の搭載能力を持つSEP船（自己昇降式作業台船）を建造中で、22年10月の完成に向けて順調に進んでいる。（洋上風力ビジネスの強化を狙い）21年6月に、洋上風力発電の建設を手がけるノルウェーのフレッド・オルセン・オーシャンと協業の覚書を結んだ。SEP船の運航訓練や風車据え付け工事の技術支援を受ける。

同年9月には、オランダのヘーレマ・マリンコントラクターズと洋上風力建設分野での協力体制の構築に関して提携した。

洋上風力建設のノウハウや技術を持つこれらの企業とアライアンスを組んで事業を強化していく。そして、ヨーロッパを中心に海外展開している両社と組むことで、当社も海外に展開していきたい。

井上和幸（いのうえ・かずゆき）
1956年生まれ。81年清水建設入社。2013年執行役員などを経て、16年から現職。

【週刊東洋経済】

本書は、東洋経済新報社『週刊東洋経済』2022年2月12日号より抜粋、加筆修正のうえ制作しています。この記事が完全収録された底本をはじめ、雑誌バックナンバーは小社ホームページからもお求めいただけます。

小社では、『週刊東洋経済eビジネス新書』シリーズをはじめ、このほかにも多数の電子書籍ラインナップをそろえております。ぜひストアにて「東洋経済」で検索してみてください。

『週刊東洋経済eビジネス新書』シリーズ

No.383　不動産投資　光と影
No.384　コンサル全解明
No.385　大転換の商社ビジネス
No.386　会社とジェンダー
No.387　全解明　経済安全保障

週刊東洋経済eビジネス新書　No.413
ゼネコン激動期

【本誌（底本）】
編集局　梅咲恵司、森　創一郎、一井　純、福田　淳
デザイン　小林由依、池田　梢、藤本麻衣
進行管理　下村　恵
発行日　2022年2月12日

【電子版】
編集制作　塚田由紀夫、長谷川　隆
デザイン　市川和代
表紙写真　今井康一
制作協力　丸井工文社

発行日　２０２２年１１月３０日　Ver.1
発行所　〒１０３-８３４５
東京都中央区日本橋本石町１-２-１
東洋経済新報社
電話　東洋経済カスタマーセンター
０３（６３８６）１０４０
https://toyokeizai.net/
発行人　駒橋憲一

電子書籍化に際しては、仕様上の都合などにより適宜編集を加えています。登場人物に関する情報、価格、為替レートなどは、特に記載のない限り底本編集当時のものです。一部の漢字を簡易慣用字体やかなで表記している場合があります。本書は縦書きでレイアウトしています。ご覧になる機種により表示に差が生じることがあります。

本書に掲載している記事、写真、図表、データ等は、著作権法や不正競争防止法をはじめとする各種法律で保護されています。当社の許諾を得ることなく、本誌の全部または一部を、複製、翻案、公衆送信する等の利用はできません。

もしこれらに違反した場合、たとえそれが軽微な利用であったとしても、当社の利益を不当に害する行為として損害賠償その他の法的措置を講ずることがありますのでご注意ください。本誌の利用をご希望の場合は、事前に当社（TEL：03-6386-1040もしくは当社ホームページの「転載申請入力フォーム」）までお問い合わせください。

※本刊行物は、電子書籍版に基づいてプリントオンデマンド版として作成されたものです。